DK 677.022:519.241.6

FORSCHUNGSBERICHTE
DES WIRTSCHAFTS- UND VERKEHRSMINISTERIUMS
NORDRHEIN-WESTFALEN

Herausgegeben von Staatssekretär Prof. Dr. h. c. Dr. E. h. Leo Brandt

Nr. 632

Prof. Dr.-Ing. Walther Wegener

Institut für Textiltechnik der Technischen Hochschule Aachen

Aufstellung und Vergleich von Variance-within-
und Variance-between-Kurven von Garnen,
die nach verschiedenen Spinnverfahren hergestellt werden

Als Manuskript gedruckt

WESTDEUTSCHER VERLAG / KÖLN UND OPLADEN

1958

ISBN 978-3-663-03527-5　　ISBN 978-3-663-04716-2 (eBook)
DOI 10.1007/978-3-663-04716-2

Forschungsberichte des Wirtschafts- und Verkehrsministeriums Nordrhein-Westfalen

Gliederung

Vorwort .... S. 5

I. Die Grundlagen der Längenvariationsrechnung .... S. 6
   1. Die Längenvariation .... S. 6
   2. Der ideale Faserverband .... S. 8
   3. Der tatsächliche Faserverband .... S. 11

II. Die Ermittlung der Längenvariationskurve .... S. 14
   4. Der Einfluß der Vormittelung und der
      Gesamtprobenlänge .... S. 14
   5. Die Methode des Schneidens und Wiegens
      (gravimetrische Methode) .... S. 20
   6. Das Auswerten von geschriebenen Massediagrammen .... S. 22
   7. Das Verfahren der kontinuierlichen Integration ..... S. 24
      a) Die Hauptintegration .... S. 26
      b) Die Vorintegration .... S. 31
   8. Das Verfahren der diskontinuierlichen
      Integration .... S. 38
      a) Die Gewinnung von CB(L)-Punkten (äußere
         Längenvariation) .... S. 38
      b) Vergleich der Schneide- und Wiegemethode mit
         dem diskontinuierlichen Summationsverfahren .... S. 41
      c) Die Gewinnung von CV(L)-Punkten (innere
         Längenvariation) .... S. 50
      d) Die graphische Ermittlung des totalen
         Variationskoeffizienten .... S. 52
      e) Die kombinierte Summations-Auswertanlage ...... S. 55

III. Der Gebrauch der Längenvariationskurve .... S. 55
   9. Die Beziehung Garn - Gewebe .... S. 55
   10. Die Beurteilung des Spinnprozesses .... S. 59
   Zusammenfassung .... S. 65
   Literaturverzeichnis .... S. 68

__Forschungsberichte des Wirtschafts- und Verkehrsministeriums Nordrhein-Westfalen__

Vorwort

Die Qualität einer textilen Ware hängt von den Eigenschaften des zu ihrer Herstellung benutzten Garnes sowie von der beim Weben und Ausrüsten angewandten Sorgfalt ab. Dabei ist eine der wichtigsten Eigenschaften das Aussehen. Vom Standpunkt des Verbrauchers aus kommen noch andere Gesichtspunkte hinzu, wie die Tragfähigkeit, die Wärmehaltigkeit und die Waschbarkeit. Ein guter Stoff besitzt einen geringen Verkaufswert, wenn das Warenbild fleckig, ungleichmäßig, streifig oder mit Noppen und anderen Garnfehlern übersät ist, sofern diese nicht als modische Nuancen charakteristisch für das Warenbild sein sollen.

Die dem Auge sichtbaren Garnmerkmale (Durchmesser bzw. Querschnitt) haben auch für den den Spinner besondere Bedeutung. Die Garnquerschnittsschwankungen korrelieren, wie an anderer Stelle [1] nachgewiesen werden konnte, stark positiv mit den Durchmesser- und stark negativ mit den Drehungsschwankungen. Außerdem korrelieren sie, wenigstens im Bereich normaler Drehungen, positiv mit den Festigkeitsschwankungen. Dünne Garnstellen sind deshalb häufig ein Anlaß für Garnbrüche und damit für Maschinenstillstände beim Spinnen und bei der Weiterverarbeitung. Die Querschnittschwankungen stellen also neben ihrem Einfluß auf den Verkaufswert auch ein Kriterium für die Wirtschaftlichkeit der Fertigung dar.

TOWNSEND [2] teilt die Eigenschaften, die den _Querschnittsverlauf_ des Garnes bestimmen, in zwei Gruppen ein:

1. Garnfehler

Darunter sind Noppen, Knoten, Andreher und Schnittigkeiten zu verstehen. Garnfehler treten im allgemeinen selten auf und stellen keine kontinuierliche Eigenschaft des Garnes selbt dar.

2. Garnungleichmäßigkeit

Die Garnungleichmäßigkeit ist ein Maß für die kontinuierliche Querschnittsschwankung eines Garnes, das keine der genannten Garnfehler enthält. Sie ist bei allen aus endlichen Fasern gesponnenen Garnen unvermeidlich.

In dieser Arbeit soll ausschließlich auf die Garnungleichmäßigkeit eingegangen werden, die durch die Wahl des Rohstoffes und die angewandten Verfahren beeinflußt wird. Die Bestimmung des Längen-Variation-Verhaltens stellt dabei ein gutes Mittel dar, um den Charakter des Garnes quantitativ zum Ausdruck bringen. Die bisher auf diesem Gebiet gewonnenen Erkenntnisse sind in der vorliegenden Arbeit niedergelegt und die Ergebnisse von neuen Messungen dargestellt. Ausgehend von der manuellen, zeitraubenden klassischen Methode des Schneidens und Wiegens führt der Weg der Untersuchungen über das halbautomatische kontinuierliche Integrationsverfahren zur vollautomatischen diskontinuierlichen Integrierung, zu dem sog. Summationsverfahren. Faserverbände verschiedener Fertigungsstufen aus Baumwolle und Zellwolle gelangen zur Untersuchung, wobei die Schwankung (Variation) der __Fasermasse__ über verschiedene Faserverbandslängen als Kriterium für die Gleichmäßigkeit herangezogen wird. Die vorliegende Arbeit ist hierin eine Fortführung der in einem früheren Forschungsbericht [1] begonnenen Untersuchungen.

I. Die Grundlagen der Längenvariationsrechnung

1. Die Längenvariation

Die Anordnung von Fasern an einem Faserband oder einem Garn ist unvollkommen. Von Querschnitt zu Querschnitt schwankt in solchen Faserverbänden die Faseranzahl. Zur Beurteilung dieser Schwankungen dient der Variationskoeffizient. Nach DIN 53 804 ist er allgemein erklärt als

$$V = \frac{s}{\bar{x}} \cdot 100 \, [\%] \,, \tag{1}$$

wobei s die Standardabweichung und $\bar{x}$ den Mittelwert bedeuten.

Für einen Faserverband kann der Variationskoeffizient auf zwei verschiedene Weisen angegeben werden, die aus der genannten Definition folgen:

a) Der Variationskoeffizient __zwischen__ N verschiedenen Faserverbandsstücken gleicher Länge L wird mit CB(L) (coefficient of variation between) bezeichnet:

$$CB(L) = \frac{100}{\bar{\bar{q}}} \cdot \sqrt{\frac{1}{N-1} \sum_{\nu=1}^{N} \left[\frac{1}{L} \int_{x_\nu}^{x_\nu + L} q(x)dx - \bar{\bar{q}} \right]^2} \, [\%] \tag{2}$$

Darin bedeuten:

x   die Längserstreckung des Faserverbandes,
q (x) den wechselnden Querschnitt,

ν die laufende Nummer eines Faserverbandsstückes (Proben aus der Grundgesamtheit),

$\bar{\bar{q}}$ den mittleren Querschnitt von ν Faserverbandsstücken.

b) Der Variationskoeffizient <u>innerhalb</u> eines Faserverbandsstückes der Länge L wird mit CV(L) (coefficient of variation within) bezeichnet:

$$CV(L) = \frac{100}{\bar{\bar{q}}} \cdot \sqrt{\frac{1}{N} \sum_{\nu=1}^{N} \frac{1}{L} \int_{x_\nu}^{x_\nu + L} \left[q(x) - \bar{q}_\nu \right]^2 dx} \quad [\%] \qquad (3)$$

Darin bedeuten:

x   die Längserstreckung des Faserverbandes,

q (x) den wechselnden Querschnitt,

ν   die laufende Nummer eines Faserverbandsstückes (Proben aus der Grundgesamtheit),

$\bar{q}$ den mittleren Querschnitt des ν-ten Faserverbandsstückes.

Aus den beiden angeführten Gleichungen ist zu erkennen, daß CB(L) und CV(L) von der Länge L abhängen. Diese Längenabhängigkeit wird mit Längenvariation bezeichnet. Sie gibt an, wie stark die Schwankungen sind, die sich über eine vorgegebene Länge L des Faserverbandes erstrecken.

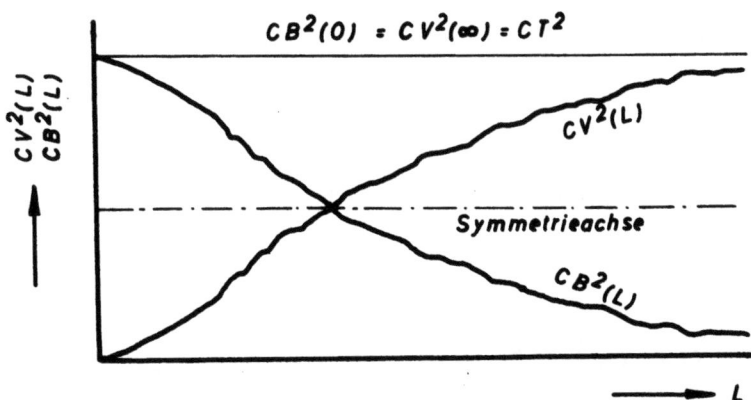

A b b i l d u n g 1

Schematische Darstellung der Längenvariationskurven
$CB^2(L)$ und $CV^2(L)$

In der Abbildung 1 sind die Funktionen $CB^2(L)$ und $CV^2(L)$ schematisch dargestellt. Für großes L nähert sich die Kurve $CB^2(L)$ asymptotisch dem

Wert Null und die Kurve $CV^2(L)$ asymptotisch einem konstanten Wert $CV(\infty)$ oder CT, der gleich CB(0) ist. Dieser Wert wird der totale Variationskoeffizient genannt. Auf Grund der additiven Eigenschaft der Teilstreuungen setzen sich $CB^2(L)$ und $CV^2(L)$ für jede Länge L zum Quadrat des totalen Variationskoeffizienten zusammen:

$$CB^2(0) = CV^2(\infty) = CT^2 = CB^2(L) + CV^2(L) \quad . \tag{4}$$

Die Kurven $CB^2(L)$ und $CV^2(L)$ spiegeln sich deshalb an einer Parallelen zur L-Achse durch den Schnittpunkt von $CB^2(L)$ mit $CV^2(L)$. Die beiden Kurven brauchen nicht glatt zu sein. Kleine Unebenheiten deuten auf periodische Querschnittsschwankungen im Faserverband hin.

2. Der ideale Faserverband

Der ideale Faserverband wird durch die folgende Voraussetzung gekennzeichnet:

a) Die Fasern sind gerade und liegen parallel.

b) Die Fasern sind zufällig verteilt. Die Häufigkeitsverteilung der Faseranzahl im Faserverbandsquerschnitt entspricht einer Poissonverteilung, d.h. die Streuung der Faseranzahl ist gleich der mittleren Faseranzahl.

c) Die Verteilung der Fasern ist unabhängig von der Verteilung der Faserlängen.

In bezug auf einen derartigen idealen Faserverband geben COX [3] und TOWNSEND [3] sowie SPENCER-SMITH [4] und TODD [4] folgende Gleichung für $CV^2(L)$ an:

$$CV^2(L) = CT^2 \cdot \frac{2}{L^2} \int_{u=0}^{L} (L-u) \cdot [1 - p(u)] \, du \tag{5}$$

und für die Autokorrelationsfunktion p(u) die Gleichung

$$p(u) = \frac{1}{\ell} \int_{\lambda=u}^{\infty} (\lambda - u) \, dP(\lambda) \quad . \tag{6}$$

Darin bedeuten $P(\lambda)$ die Wahrscheinlichkeit, mit der eine Faser von kleinerer Länge als λ vorkommt, und $\bar{l}$ die mittlere Faserlänge. Diese beiden Gleichungen sind von OLERUP [5] und BRENY [6] weiterentwickelt worden. Für den Sonderfall, daß alle Fasern gleich lang (Länge $\bar{l}$) sind, gibt BRENY die folgende Gleichung an:

$$CV^2(L) = \begin{cases} CT^2 \cdot \dfrac{L}{3\bar{l}} & \text{für } L \leq \bar{l} \\ CT^2 \cdot \left(1 - \dfrac{\bar{l}}{L} + \dfrac{\bar{l}^2}{3L^2}\right) & \text{für } L \geq \bar{l} \end{cases} \quad (7)$$

Diese Funktion und die zugehörige Funktion $CB^2(L)$ sind in der Abbildung 2 dargestellt.

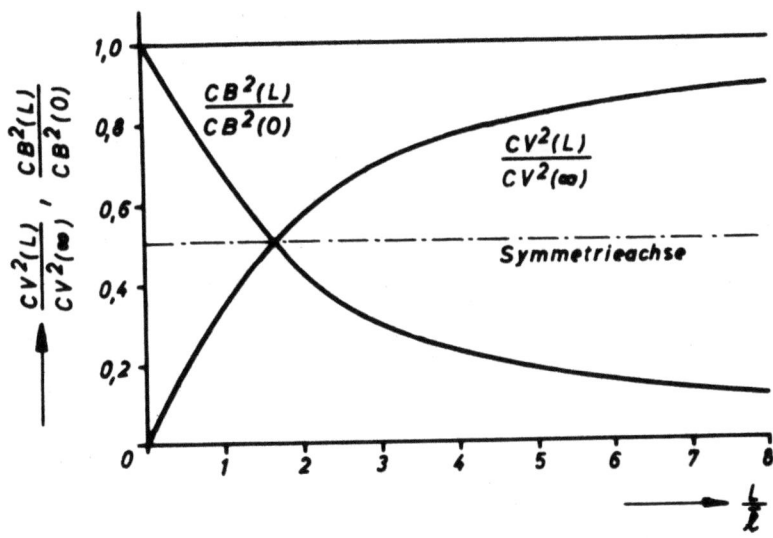

Abbildung 2
Die Kurven $CB^2(L)$ und $CV^2(L)$ für einen idealen Faserverband mit gleichlangen Fasern

Auf der Abszisse ist $L/\bar{l}$ und auf der Ordinate $CV^2(L)/CV^2(\infty)$ bzw. $CB^2(L)/CB^2(0)$ aufgetragen. Dadurch ergeben sich unabhängig von der Größe des totalen Variationskoeffizienten und der mittleren Faserlänge stets die gleichen Kurven.

Für den totalen Variationskoeffizienten CT gibt MARTINDALE [7] folgende Beziehung an:

$$CT = 100 \sqrt{\dfrac{1}{n}(1 + 0{,}0004 \cdot V_d^2)} \; [\%] \quad (8)$$

Darin bedeuten:

$n = \dfrac{Nm_{Faser}}{Nm_{Faserverband}}$ die durchschnittliche Anzahl der Fasern im Querschnitt, Nm die metrische Nummer,

V_d den Variationskoeffizienten des Faserdurchmessers in %.

Diese Gleichung für CT gilt unter der Voraussetzung, daß der Faserdurchmesser unabhängig von der Faserlänge ist. Der Variationskoeffizient des Faserdurchmessers ist ungefähr konstant für jeden Faserstoff. Die Formel für den totalen Variationskoeffizienten geht deshalb über in die Gleichung:

$$CT = \dfrac{c}{\sqrt{n}} \qquad [\%] \tag{9}$$

Die folgende Tabelle enthält die Konstante c für die wichtigsten Faserstoffe:

Faserstoff	c
Zellwolle [8]	102
Baumwolle [9]	106
Wolle [7]	112
Flachs [4]	130

Wie die Abbildung 2 veranschaulichen auch die Abbildungen 3 und 4 die Funktionen $CB^2(L)$ und $CV^2(L)$.

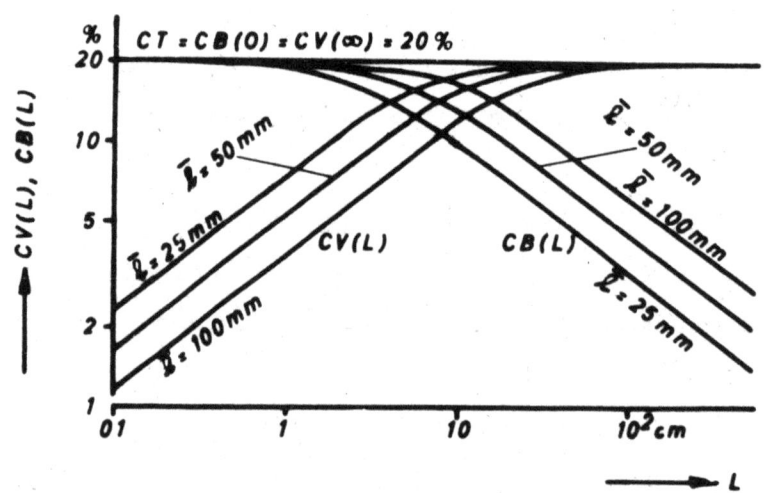

Abbildung 3

Der Einfluß verschiedener Faserlängen $\bar{l}$ bei einem idealen Faserverband

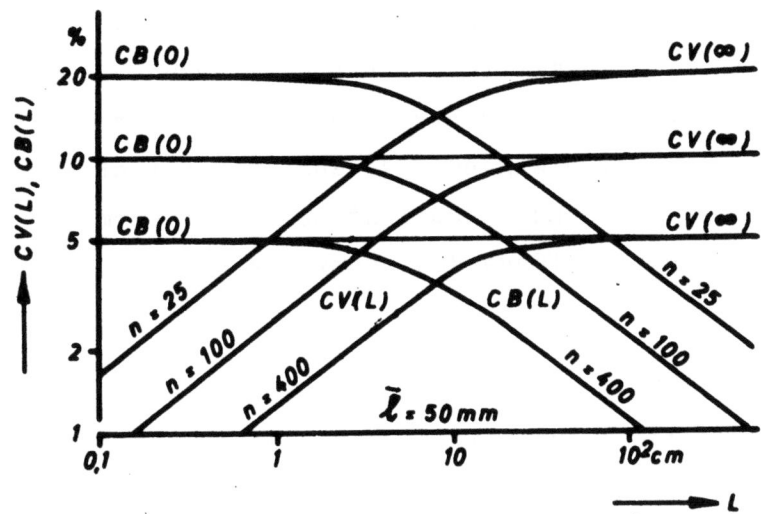

Abbildung 4

Der Einfluß von verschiedenen durchschnittlichen Faseranzahlen im Querschnitt eines idealen Faserverbandes mit gleichlangen Fasern

In der Abbildung 3 wird der Einfluß von verschiedenen mittleren Faserlängen $\bar{l}$, in der Abbildung 4 der Einfluß von verschiedenen durchschnittlichen Faseranzahlen im Querschnitt des Faserverbandes gezeigt. Die Kurven sind nach den Gleichungen von BRENY und MARTINDALE berechnet und in den genannten Abbildungen doppellogarithmisch dargestellt.

Die Ungleichmäßigkeit eines <u>idealen</u> Faserverbandes ist die geringste Ungleichmäßigkeit, die bei optimalen Verzugsbedingungen auftreten kann; sie wird daher als Grenzungleichmäßigkeit (Grenzvariationskoeffizient) bezeichnet. Man schreibt hierfür $CV(L)_{ideal}$, $CB(L)_{ideal}$ und CT_{ideal}.

3. Der tatsächliche Faserverband

Der tatsächliche Faserverband enthält außer der Ungleichmäßigkeit eines idealen Faserverbandes noch Ungleichmäßigkeiten, die durch die Verarbeitung bedingt sind. Im einzelnen unterscheidet man:

a) Verzugswellen

Verzugswellen sind Schwankungen des Querschnitts eines Faserverbandes, die bei jedem Verziehen des Faserverbandes mittels Walzenpaaren entstehen. Die Ursache bilden nach BALLS [10] kurze Fasern, die in der Verzugszone "schwimmen". Die Schwankungen sind nicht streng periodisch, vielmehr streuen sie um eine mittlere Wellenlänge. Nach Untersuchungen von FOSTER [11] u.a. [12 u. 13] ist die mittlere Länge der Verzugswellen proportional der Größe des Verzuges und der Streckfeldweite, während die Amplituden der Verzugswellen mit steigendem Verzug zunächst stark und dann schwächer zunehmen. Nach FOSTER entspricht bei einer normalen Streckwerkseinstellung die Verzugswellenlänge der Baumwolle etwa der 2 1/2 bis 3fachen Stapellänge.

b) kurzwellige Störungen

Kurzwellige Störungen des Querschnittes eines Faserverbandes entstehen u.a. durch fehlerhaft rotierende Maschinenelemente. Sie sind periodisch. Am bekanntesten sind die periodischen Störungen durch schlagende Zylinder der Streckwerke und durch schlagende oder defekte Zahnräder [13, 14, 15].

c) langwellige Störungen

Langwellige Störungen des Querschnittes eines Faserverbandes entstehen durch fehlerhafte oder zu träge Regulierung der Verzugsorgane, z.B. Flyerregulierung [16, 17], oder stellen verzogene kürzere Schwankungen vorangegangener Prozesse dar.

In der Abbildung 5 sind die tatsächlichen Längenvariationskurven $CB(L)_{tats.}$ eines Garnes und einer Lunte in doppellogarithmischer Darstellung gebracht. Sie verlaufen im dargestellten Bereich angenähert geradlinig wie die Kurven $CB(L)_{ideal}$ eines idealen Faserverbandes (Abb. 3 und 4), liegen jedoch stets höher als diese.

Infolge der angeführten zusätzlichen Ungleichmäßigkeiten sind die Werte $CB(L)_{tats.}$ und $CV(L)_{tats.}$ für einen tatsächlichen Faserverband größer als für einen idealen Faserverband. Zum besseren Vergleich der Ungleichmäßigkeit des tatsächlichen Faserverbandes mit der Ungleichmäßigkeit des idealen Faserverbandes werden die beiden folgenden Kennwerte berechnet.

HUBERTY [18] bildet das Verhältnis des gemessenen tatsächlichen Variationskoeffizienten sehr kurzer Längen, der praktisch dem totalen Variationskoeffizienten gleichkommt, zum theoretischen idealen Grenzvariationskoeffizienten:

$$K(0) = \frac{CB(0)_{tats.}}{CB(0)_{ideal}} . \qquad (10)$$

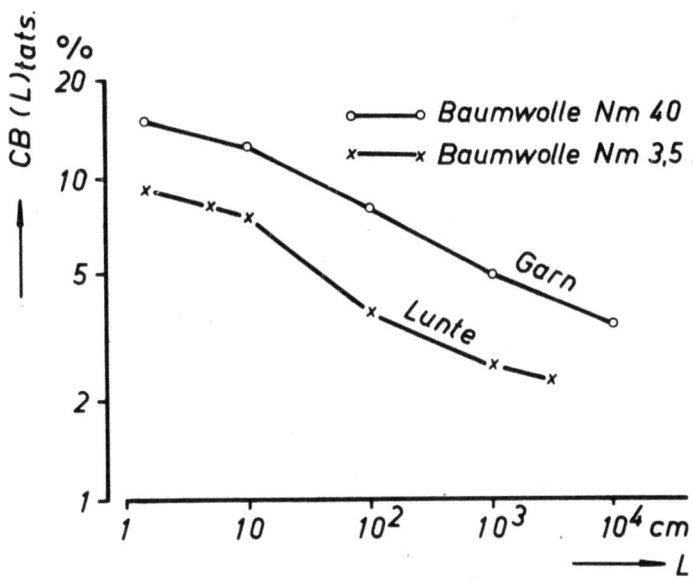

Abbildung 5

CB(L)-Kurve eines Garnes und einer Lunte

Eine Erweiterung dieser Beziehung für alle Längen wird von BRENY [7] durchgeführt:

$$K(L) = \frac{CB(L)_{tats.}}{CB(L)_{ideal}} \qquad (11)$$

In der Abbildung 6 sind solche $K(L)$-Kurven mit den entsprechenden CB(L)-Kurven doppellogarithmisch dargestellt.

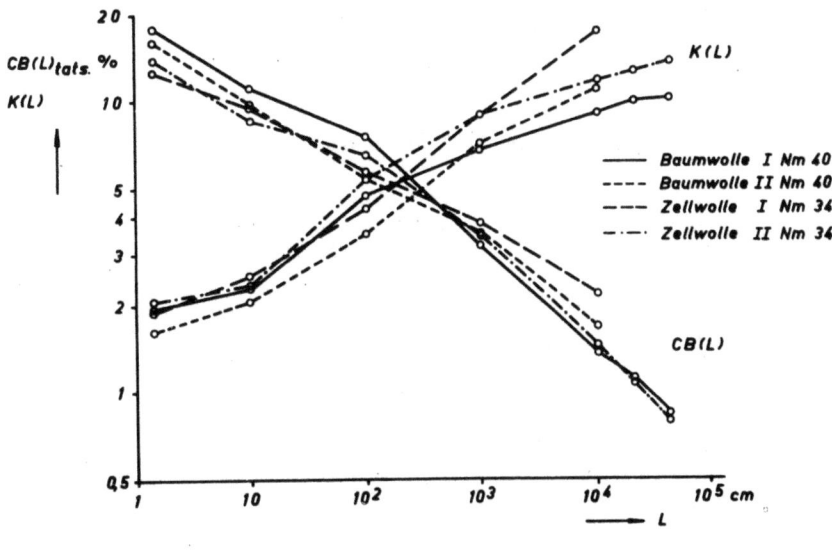

Abbildung 6

Die $K(L)$- und CB(L)-Kurven von vier Garnen

OLERUP [19] empfiehlt die Bildung der Differenz zwischen dem Quadrat des tatsächlichen Variationskoeffizienten und dem Quadrat des idealen Variationskoeffizienten:

$$X^2(L) = CV^2(L)_{tats.} - CV^2(L)_{ideal} \qquad (12)$$

Diese Differenz bezeichnet denjenigen Teil der Ungleichmäßigkeit $CV^2(L)$, der durch die maschinengegebene Verarbeitung bedingt ist. In der Abbildung 7 sind eine $X^2(L)$-Kurve und eine zugehörige Kurve $CV^2(L)_{tats.}$ dargestellt.

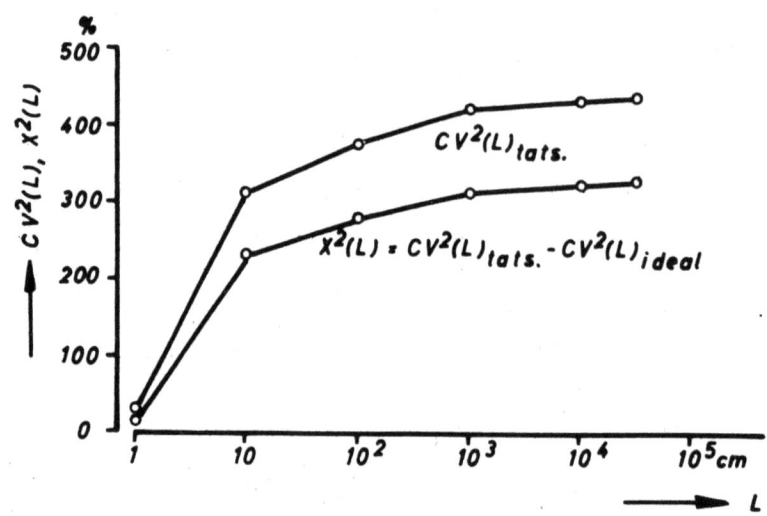

Abbildung 7

Die $X^2(L)$- und $CV^2(L)_{tats.}$-Kurve eines Garnes

II. Die Ermittlung der Längenvariationskurve

4. Der Einfluß der Vormittelung und der Gesamtprobenlänge

Entsprechend der allgemeinen Definitionsgleichung (3) der Variation $CV(L)$ im Abschnitt 1 ist es notwendig, die Querschnittsfunktion $q(x)$ durch Messung zu erfassen. Die wahre dazugehörige $CV(L)$-Kurve ergibt sich bei einer infinitesimalen Abtastlänge $\Delta x \rightarrow 0$. In Wirklichkeit wird man sich jedoch mit einer, wenn auch kleinen, aber endlichen Abtastlänge Δx begnügen müssen. Es kann also praktisch nur der "Mittelwert" der Querschnittsfunktionen über eine Länge Δx gemessen werden. Wir bezeichnen im folgenden diese "Abtastlänge" Δx mit b, ihren Einfluß auf die Messung als "Vormittelung".

Bei <u>kontinuierlicher Abtastung</u> des Querschnittes eines Faserverbandes ergibt sich auch eine kontinuierliche Mittelwertskurve. Die durch die kontinuierliche Abtastung erfaßte Faserverbandslänge bezeichnen wir im folgenden mit "Einzelprüflänge" L. Demnach wird $b \ll L$ sein.

Wie man sieht, genügt die Angabe nur einer Längenbezeichnung allein nicht für eine exakte Aussage. Man verwendet vielmehr die auf zwei Längen bezogene Schreibweise

$$CV(b,L),$$

d.h. CV ist eine Funktion der Einzelprüflänge L und eine Funktion der Abtastlänge b. Ein Wert $CV(b,L)$ stellt die Querschnittsschwankungen über einen Bereich von b bis L cm dar. Die Querschnittsschwankungen über einen Bereich von 0 bis L cm entsprächen einem "ohne" Vormittelung gewonnenen Wert $CV(0,L)$. Der $CV(0,L)$- bzw. $CV(b,L)$-Wert ist demnach eine Aussage über die Querschnittsschwankungen <u>innerhalb</u> (within) einer Einzelprüflänge L. Die ideale Abtastlänge wird hierbei Null cm, die praktisch realisierbare Abtastlänge b cm sein. Es wird somit die <u>innere</u> Ungleichmäßigkeit der Einzelprüflänge L bestimmt. Die Streuungsanteile addieren sich nach dem Fehlerfortpflanzungsgesetz:

$$CV^2(0,L) = CV^2(b,L) + CV^2(0,b). \tag{13}$$

In der Abbildung 8 ist diese additive Zusammensetzung der Teilstreuungen schematisch dargestellt.

Wie ersichtlich, muß die Kurve $CV^2(b,L)$ um den Betrag $CV^2(0,b)$ unter der Kurve $CV^2(0,L)$ liegen.

In der Gleichung (3) des Abschnittes 1 steht ein Summenzeichen, davor $\frac{1}{N}$. Das bedeutet: Um über CV(L) eine genauere Aussage zu bekommen, wird man N einzelne Streuungswerte nochmals mitteln. Das gilt ganz besonders für kleinere Einzelprüflängen L, weil man bei der Untersuchung nur einer einzigen Prüflänge L einen zu großen Vertrauensbereich erhält. Durch eine Mittelwertsbildung vieler Streuungswerte wird eine lange Länge L, die Gesamtprüflänge ℓ, erfaßt. Sie soll genügend lang sein, d.h. in einem

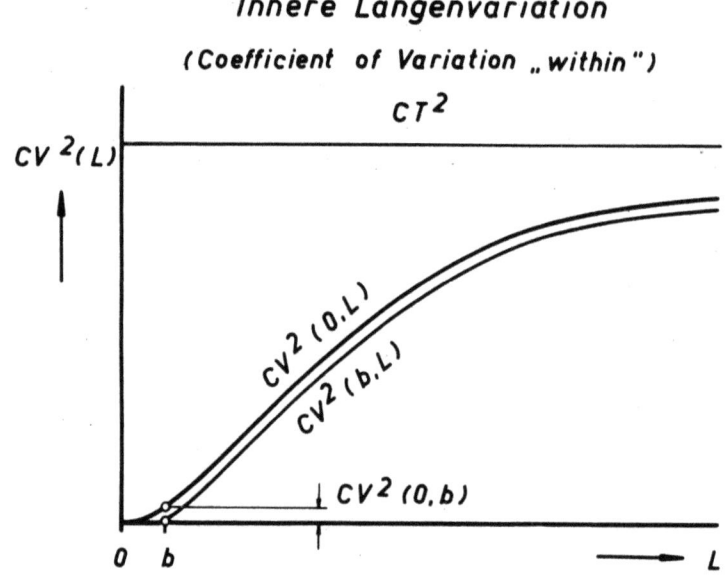

Abbildung 8
Der Einfluß der vormittelnden Abtastlänge b auf
die innere Längenvariationskurve

ausreichendem Maße die Länge ℓ_T der Grundgesamtheit T repräsentieren.
Nach WEGENER [20] und PEUKER [20] ergibt sich folgende Schreibweise:

$$CV^2(b,L,\ell) \quad \text{bzw.} \quad CV^2(b,L,\ell_T).$$

Als Länge ℓ_t der Grundgesamtheit kann beispielsweise die Länge der gesamten Spinnpartie angesehen werden. Aus dieser werden viele L cm lange Einzelprüflängen (Stichproben) entnommen, die sich zur Gesamtprüflänge ℓ zusammensetzen und eine hinreichend genaue Aussage über das Verhalten der Länge ℓ_T der Grundgesamtheit ermöglichen.

Um allen Gegebenheiten zu entsprechen, muß man hier auf eine dreifache Längenbezeichnung der Variationskoeffizienten zurückgreifen [20].

Bezogen sich die bisherigen Ausführungen dieses Abschnittes auf die von WEGENER [21] und ROSEMANN [21] als <u>innere Längenvariation</u> bezeichneten Schwankungen, so wollen wir uns nun der CB(L)-Charakteristik zuwenden. Entsprechend der allgemeinen Definition (2) im Abschnitt 1, muß man hierzu viele Abschnitte der Länge L aus einer größeren Prüflänge ℓ entnehmen und die Querschnittsschwankungen <u>zwischen</u> (between) den einzelnen L-Längen innerhalb der Prüflänge ℓ bestimmen (coefficient of variation between). WEGENER [21] und ROSEMANN [21] prägten hierfür die Bezeichnung "Äußere Längenvariation".

Man bedient sich auch hier zweckmäßig der doppelten Schreibweise $CB(L, \ell)$. Wählt man die Prüflänge ℓ hinreichend groß, so erfaßt sie repräsentativ die Länge ℓ_T der Grundgesamtheit T des Materials. Das berechtigt auch hier zu der Schreibweise $CB(L, \ell_T)$.

Bei der äußeren Längenvariation genügt die doppelte Längenbezeichnung. Auch hier addieren sich die Anteile

$$CB^2(L, \ell_T) = CB^2(L, \ell) + CB^2(\ell, \ell_T). \tag{14}$$

In der Abbildung 9 ist dieser Zusammenhang schematisch dargestellt.

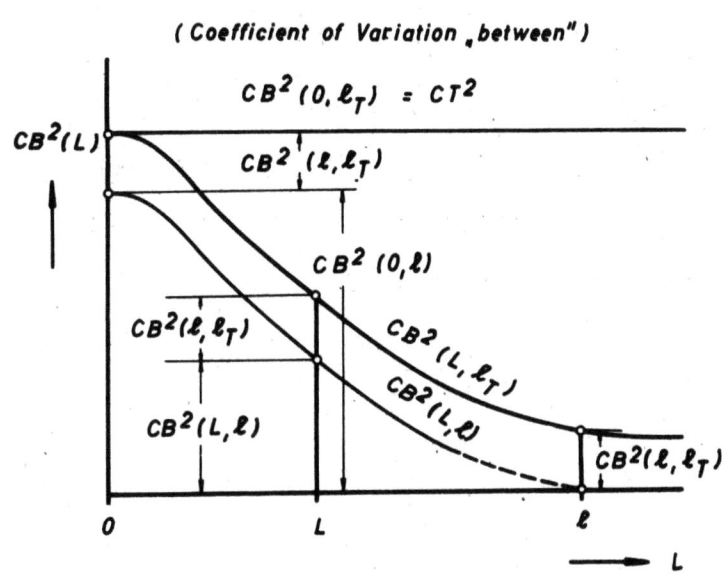

Abbildung 9

Der Einfluß der Wahl der Prüflänge ℓ bzw. ℓ_T auf die äußere Längenvariationskurve

Es ist ersichtlich, daß die Kurve $CB^2(L, \ell)$ um den Betrag $CB^2(\ell, \ell_T)$ unter der Kurve $CB^2(L, \ell_T)$ liegen muß.

Ist $L = 0$, so stellt $CB^2(0, \ell_T)$ den Wert des längenunabhängigen Totalen Variationskoeffizienten CT dar. Es gilt:

$$CT^2 = CV^2(0, \ell_T, \ell_T) = CB^2(0, \ell_T) = CB^2(0, \ell) + CB^2(\ell, \ell_T) \quad . \tag{15}$$

Es addieren sich aber nicht nur die Anteile der "within"- bzw. "between"-Charakteristik, sondern es gilt auch für beispielsweise die Länge L_1:

$$CT^2 = CV^2(0, \ell_T, \ell_T) = CB^2(0, \ell_T) = CV^2(0, L_1, \ell_T) + CB^2(L_1, \ell_T) \quad . \tag{16a}$$

Benutzt man die im Englischen übliche Schreibweise für die Variationsquadrate, so ergibt sich entsprechend:

$$B(0) = V(\infty) = V(L_1) + B(L_1) \quad . \tag{16b}$$

Das Quadrat des Totalen Variationskoeffizienten CT^2 entspricht in der ausländischen Literatur den Bezeichnungen:

$$V(T) \ ; \ B(0) \ ; \ V(\infty) \ ; \ C^2(0, \infty) \quad .$$

Bei der Erfassung der CB(L)-Kurve ist die Streuung der einzelnen Aufmachungseinheiten (Cop, Spule, Kanne, Wickel) zu berücksichtigen. Die Länge des auf einem Cop befindlichen Garnes sei beispielsweise ℓ_c=4000 m. Will man $CB(L, \ell_c)$ für L = 1000 m und ℓ_c = 4000 m ermitteln, so bekommt man wegen der beschränkten Meterzahl nur einer einzigen Aufmachungseinheit höchstens vier Wägungswerte. Der aus nur vier Stichproben (N=4) gebildete Variationskoeffizient besitzt einen viel zu großen Vertrauensbereich. Setzt man in die Gleichung (14) für die Prüflänge ℓ die Länge ℓ_c eines Cop ein, so erhält man:

$$CB^2(L, \ell_T) = \underbrace{CB^2(L, \ell_c)}_{a} + \underbrace{CB^2(\ell_c, \ell_T)}_{b} \quad . \tag{17}$$

Der äußere Variationskoeffizient $CB^2(L, \ell_T)$ enthält in:

a) die Streuung (Variation) zwischen den Längen L innerhalb der größeren Coplänge ℓ_c (Längsstreuung),

b) die Streuung zwischen den größeren Coplängen ℓ_c innerhalb der die Grundgesamtheit T verkörpernden ganz langen Prüflängen ℓ_T (Querstreuung).

Setzt man in obige Gleichung $L = \ell_c$, so folgt [20]:

$$CB^2(\ell_c, \ell_T) = CB^2(\ell_c, \ell_c) + CB^2(\ell_c, \ell_T) \tag{18a}$$

$$\text{oder } CB^2(\ell_c, \ell_c) = 0 . \tag{18b}$$

Eine experimentelle Ermittlung des äußeren Variationskoeffizienten $CB(\ell_c, \ell_c)$ ist nicht möglich. Dieser Wert $CB(\ell_c, \ell_c)$ ist statistisch nicht definiert, weil $CB(L, \ell_c)$ für $L = \ell_c$ und für $N = 1$ den unbestimmten Wert $\frac{0}{0}$ annimmt. Aus diesem Grunde ist in der Abbildung 9 der rechte Auslauf der Kurve $CB^2(L,\ell)$ gestrichelt gezeichnet. In diesem Bereich ist die statistische Definition der $CB(L)$-Kurve nicht mehr brauchbar.

Praktisch findet deshalb die $CB(L, \ell_c)$-Kurve nur _einer_ Aufmachungseinheit von Garn bei ca. $L = 100$ m eine Grenze in ihrer Vertrauenswürdigkeit und somit in ihrer Darstellungsmöglichkeit. Durch die $CB(L, \ell_c)$-Kurve wird die Variation in Längsrichtung einer Aufmachungseinheit, die sog. _Längsstreuung_, ermittelt.

Eine jede Aufmachungseinheit (Cop oder Flyerspule) entstammt einer Arbeitsstelle (Spindel) einer Maschine. Zwischen den einzelnen Arbeitsstellen bzw. den Cops oder den Spulen eines Abzuges besteht die sog. _Querstreuung_. In der Abbildung 10 erkennt man den Einfluß der Längsstreuung und den der Querstreuung auf die Längenvariation.

Entsprechend den zu der Abbildung 9 gemachten Ausführungen wird hier die aus nur einer Aufmachungseinheit gewonnene $CB(L, \ell_{Cop})$- oder $CB(L, \ell_{Spule})$-Kurve stets tiefer liegen als die aus mehreren Aufmachungseinheiten erhaltenen $CB(L, \ell_T)$-Kurven.

Es muß also stets eine für die Grundgesamtheit T repräsentative Anzahl an Aufmachungseinheiten für die Prüfung herangezogen werden. Eine weitere Form der Querstreuung ist die Streuung von Maschine zu Maschine, ja sogar die von Tag zu Tag (Klimaschwankung). Hieraus lassen sich die Forderungen für eine repräsentative Stichprobenentnahme der Aufmachungseinheiten ableiten.

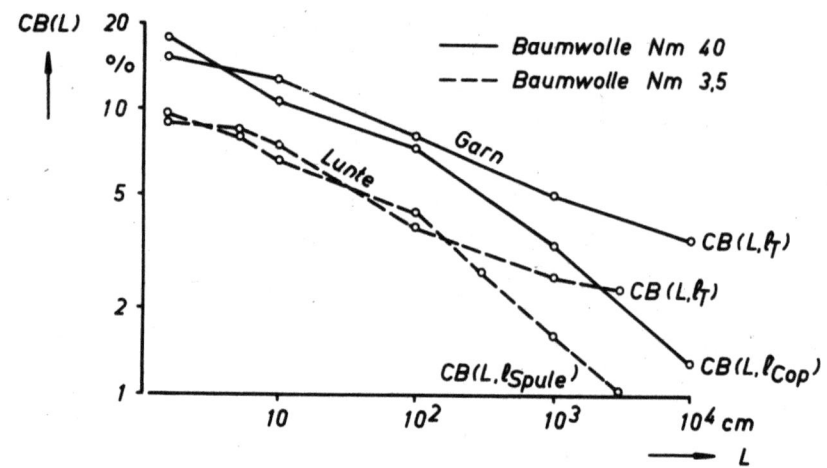

Abbildung 10

Äußere Längenvariationskurven mit und ohne Berücksichtigung der Querstreuung der Aufmachungseinheiten (Cops, Flyerspulen). ℓ_T ist die durch die Probenahme erfaßte Länge von 20 Aufmachungseinheiten (20 Cops, 20 Flyerspulen)

5. Die Methode des Schneidens und Wiegens (gravimetrische Methode)

Um beim Prüfverfahren einen beliebigen Punkt einer inneren oder äußeren Längenvariationskurve CV(L) oder CB(L) eindeutig zu definieren und praktisch auch zu erstellen, muß man sich, unter Anlehnung an die vorausgegangenen zusammenfassenden Ausführungen, der dreifachen Längenbezeichnung für CV(L) und der doppelten Längenbezeichnung für CB(L) bedienen. Zweckmäßigerweise wird man an diese Schreibweise die Bedingung knüpfen, daß bei den mehrfachen Längenbezeichnungen

$$0 < b < L < \ell < \ell_c < \ell_T \tag{19}$$

sein soll. Das Verfahren besteht darin, aus einer größeren Länge L bzw. ℓ aneinanderstoßend kontinuierlich oder stichprobenartig diskontinuierlich kleinere Längen b bzw. L herauszuschneiden, zu wiegen und die Streuung dieser Gewichte, d.h. deren Variation (als Variationskoeffizient CV bzw. CB) zu errechnen.

a) Die CV-Charakteristik

Entsprechend der Bezeichnungsweise $CV(0,L,\ell_T)$ müßten für die exakte Aufstellung der CV-Charakteristik aus einer Länge L Stücke von der Länge 0 cm ausgeschnitten werden, was praktisch undurchführbar ist. Um dennoch eine Aussage über den Verlauf der CV(L)-Kurve zu gewinnen, wird man anstatt des Wertes b = 0 cm eine kleine, noch gut schneidbare Länge, beispielsweise b = 1 oder 2 cm, wählen müssen. Der Vorgang wird an vielen Einzellängen L wiederholt, wodurch eine Gesamtprüflänge ℓ bzw. ℓ_T erfaßt wird. In erster Annäherung und in Übereinstimmung mit der Abbildung 8 gilt:

$$CV(0, L, \ell_T) \approx CV(b, L, \ell_T) \quad . \tag{20}$$

Um überhaupt eine Streuung (Variation) festzustellen, muß eine größere Anzahl von kleinen konstant langen Unterteilungslängen b herausgeschnitten werden. Dadurch wird L von vornherein in seiner Größe als nach unten hin begrenzt vorliegen. Praktisch sieht das so aus, daß die CV(L)-Kurve höchstens im Bereich größerer Längen L aufgestellt werden kann. Weil sich aber in diesem Längenbereich die $CV(b, L, \ell_T)$-Kurve asymptotisch der totalen Variation $CV(0, \ell_T, \ell_T) = CT$ nähert, also annähernd horizontal verläuft, wird man selbst für sehr unterschiedliche Einzelprüflängen L nur geringe Schwankungen der CV-Werte in der Ordinatenrichtung feststellen. Demnach erweist sich die CV(L)-Charakteristik, wie vom Verfasser in einem der folgenden Kapitel noch gezeigt wird, abgesehen von ihrer bereits schwierigen Erstellung, auch noch als ungeeignet für die Beurteilung von solchen Spinnprozessen, die den langwelligen Teil der inneren Längenvariations-Charakteristik beeinflussen. Sie wird selten - und auch dann nur für rein wissenschaftliche Zwecke - aufgestellt.

b) Die CB(L)-Charakteristik

Die Erstellung dieser Charakteristik durch das Ausschneiden kleinerer Schnittlängen L aus einer größeren Prüflänge ist technisch gut durchführbar. Um aber den einzelnen $CB(L, \ell)$-Werten eine notwendige statistische Sicherheit, d.h. einen guten Vertrauensbereich zuordnen zu können, bedarf es relativ großer Stichprobenumfänge, d.h. vieler Schnittlängen L. Das gilt besonders für die relativ größeren Gewichtsschwankungen kurzer Längen, wobei außerdem die Ungenauigkeit des Schneidens den Endwert ungünstig beeinflußt.

Das Erstellungsverfahren für die Kurve ist sehr zeitraubend, selbst dann noch, wenn man bei Garnen - nach MARTINDALE [7] und nach GROSBERG [22]

u. PALMER [22] - an den Armen einer Garnweife oder einer Rolle Schienen mit der Breite der gewünschten Schnittlänge L anbringt. Von L = 1 m aufwärts bedient man sich des Weifen- bzw. Rollenumfanges (1 m) oder eines Vielfachen davon. Zum Schneiden kurzer Längen von Bändern und Lunten bedarf es einer Schablone der Länge L. Für größere Längen wird analog zur Garnweife eine Band- und Meßrolle benutzt. Für jeden Meßwert muß eine Schnittlänge L geschnitten und gewogen werden. Man bezeichnet das Verfahren als "direkte" Methode.

TOWNSEND [23] entwickelte eine "indirekte" Methode, indem er die bereits erwähnte und in den Gleichungen (14) und (17) dargestellte Addition der Anteile benutzt. Man spart bei dieser Methode wohl Material und Zeit, da $CB^2(\ell, \ell_T)$ nur einmal ermittelt zu werden braucht. Dennoch ist das Verfahren immer noch sehr zeitraubend.

Die Untersuchungen von GROSBERG [22] und PALMER [22] fußen auf dieser "indirekten" Methode des Schneidens und Wiegens. Die indirekt gewonnene gravimetrische CB(L)-Kurve dient hierbei als Vergleichsbasis für die mit dem Integrator "Uster" erstellte äußere Längenvariationskurve $CB(L, \ell_T)$ [24].

Die in der vorliegenden Arbeit von dem Verfasser gewonnenen gravimetrischen Längenvariationskurven fußen auf der "direkten" Schneide- und Wiegemethode.

6. Das Auswerten von geschriebenen Massediagrammen

Tastet ein mechanischer Fühlhebel kontinuierlich den Querschnitt eines komprimierten Bandes, einer Lunte oder eines Garnes ab, so wird es unmöglich sein, beliebig kleine Abtastlängen b zu schaffen. Der Fühlhebel hat eine, wenn auch kleine, so doch endliche Abtastlänge b. Der Ausschlag des Fühlhebels wird mechanisch oder optisch vergrößert und aufgeschrieben. Jeder augenblickliche Ausschlag entspricht dem augenblicklichen Mittelwert der Querschnittsschwankung innerhalb der Abtastlänge b. Das kontinuierlich aufgezeichnete Querschnittsschwankungsdiagramm ist demnach ein durch Vormittelung bereits geglätteter Kurvenverlauf.

Bei der kapazitiven Abtastung wird der mechanische Fühlhebel durch das Feld eines elektrischen Kondensators ersetzt. Die Elektrodenlänge b des Meßkondensators entspricht der Fühlhebelbreite. Hier gilt gleichfalls der Begriff der Vormittelung innerhalb der Abtastlänge b.

Gestaltet man dabei die mechanische oder elektrische Abtastlänge b so klein wie nur möglich, so kann man $b \approx 0$ setzen, d.h. man kann die Vormittelung eventuell vernachlässigen. In diesem Falle repräsentiert das geschriebene Diagramm genügend genau den wahren Verlauf der Masseschwankungen des elektrisch oder mechanisch abgetasteten Faserverbandes. Man kann daraus direkt den angenäherten Wert für den Totalen Variationskoeffizienten $CT = CB(0,\ell_T) \approx CB(b,\ell_T)$ ausplanimetrieren. Die Auswertung des Diagramms durch eine klassenweise Unterteilung bei Benutzung einer Rasterplatte ist ebenfalls zu empfehlen. Weitaus schwieriger und zeitraubender ist es, aus diesem Diagramm die Variationskoeffizienten für Längen $L > b$ zu gewinnen. Auch hier kann man wieder "direkt" vorgehen, indem man innerhalb einer größeren Diagrammlänge kleinere Diagrammlängen L nacheinander ausplanimetriert und den Variationskoeffizienten zwischen (between) den Längen L bestimmt. Man erhält unter Berücksichtigung des Maßstabverhältnisses des Materialvorschubes zum Papierdiagrammvorschub $CB(L,\ell)$. Das Verfahren muß, damit auf $CB(L,\ell_T)$ geschlossen werden kann, für viele Aufmachungseinheiten und über genügend viele Längen L durchgeführt werden. Es ist daher sehr zeitraubend und umständlich.

In gleicher Weise ist auch $CV(b,L)$ bestimmbar, jedoch gilt das nur für korrespondierende Diagrammlängen, welche gut planimetrierbar sind.

TOWNSEND [3] und COX [3] verwenden zur Bestimmung der CB(L)-Kurve ein halbmechanisches Verfahren, indem sie äquidistante Diagrammhöhen messen und mit Hilfe von Rechenautomaten für beliebige Längen kombinieren. Das Verfahren könnte mittels Lochkarten automatisiert werden.

Van ZWET [25] gelangt bezüglich der Erstellung der CB(L)-Charakteristik unter Anlehnung an TOWNSEND und COX zu einer fortlaufenden Addition der Mittelwerte, die aus dem aufgezeichneten Ungleichmäßigkeitsdiagramm gewonnen sind. Er legt dabei Diagrammlängen von 1 bzw. 2 mm zugrunde, welche bei dem von ihm benutzten Schreiber Garnlängen von 1 bzw. 2 cm entsprechen. Er stellt dazu ein in Kolonnen gegliedertes Rechenschema auf. Jede gewünschte Länge L ist so zusammenstellbar. Allerdings sind die durch rechnerische Kombination gewonnenen Längen L hier nicht voneinander unabhängig. Auch die Querstreuung kann auf diese Weise nur bedingt berücksichtigt werden.

Forschungsberichte des Wirtschafts- und Verkehrsministeriums Nordrhein-Westfalen

7. Das Verfahren der kontinuierlichen Integration

Im folgenden sollen 2 Integratoren näher betrachtet werden.

<u>Integraph I</u> : "Uster" der Firma Zellweger
<u>Integraph II</u>: Zum Textronographen gehörendes Integrationsgerät der Firma Haase-Deyerling.

Zum besseren Verständnis sei an Hand des prinzipiellen Schaltbildes eines quadratischen Integrators I (Abb. 11) der elektrisch gestaltete Integrationsvorgang erläutert.

Zunächst sei der Fall angenommen, daß der in der Abbildung 11 gestrichelt gezeichnete Stromkreis mit dem Widerstand R_L und dem Kondensator C_L abgeschaltet ist. Es liegt dann der Betriebszustand "Normaltest" des Integraphen I vor.

Der Vorgang ist wie folgt:

Der Faserverband, z.B. Garn, durchläuft mit einer bestimmten Abzugsgeschwindigkeit v den Meßkondensator. Über einen Meßwertumformer (Gleichmäßigkeitsprüfer "Uster" oder "Textronograph") wird die kontinuierlich abgetastete Masseschwankung in eine dazu proportionale kontinuierliche elektrische Meßspannung umgewandelt. Die am Integrator eintretende augenblickliche Spannung ist also das genaue Abbild des mittleren Querschnitts des sich in diesem Augenblick zwischen den Kondensatorplatten befindlichen Prüfgutabschnittes. Die am Integrator ankommende Prüfspannung U ist demnach eine Funktion der Zeit, d.h.

$$U = f(t) \ . \tag{21}$$

Eine beispielsweise schnell ansteigende Schwankung U verursacht im Widerstand R_ℓ einen Strom, so daß an dem Kondensator C_ℓ eine zusätzliche Spannung entsteht. Weil die Kapazität von C_ℓ jedoch groß ausgelegt ist, erzeugt diese plötzliche kurzzeitige Spannungsschwankung dort kaum eine merkliche Änderung der Spannung. Nur langzeitige Spannungsschwankungen, die auf langwellige Fasermasseschwankungen (Nummernschwankungen) zurückzuführen sind, ergeben eine merkbare Spannungsänderung an C_ℓ. Die sich dort ausbildende Spannung $\overline{U}$ stellt den Gesamtmittelwert von $U = f(t)$ dar. Im Kondensator C_ℓ findet eine Summation (Integration)

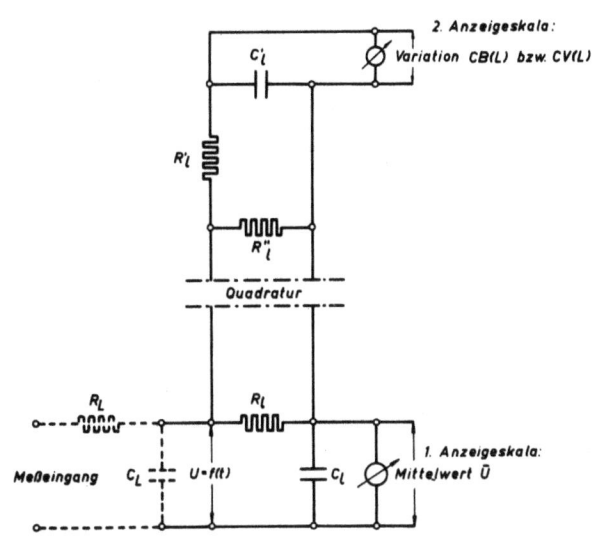

Abbildung 11

Prinzipschaltbild des Integrators I (Uster), quadratischer Typ

U = f(t) eintretende Meßspannung als Funktion der Zeit

C_L R_L Vorintegrationszeit

C_ℓ R_ℓ Hauptintegrationszeit

der Spannungsschwankungen statt. Die am Kondensator C_ℓ herrschende Spannung ist

$$U_{C_\ell} = \frac{1}{C} \cdot \int_{t_1}^{t_2} \mathcal{J}\, dt$$

Die hierfür benötigte Zeit $t_2 - t_1$ ist die Hauptintegrationszeit.

Am Widerstand R_ℓ hingegen ist die Spannung gleich der momentanen Abweichung der Meßspannung U vom Gesamtmittelwert $\overline{U}$ zu irgendeinem Zeitpunkt t. Hier werden nunmehr elektrisch die einzelnen Abweichungen vom Mittelwert $\overline{U}$ gebildet. Die momentanen Abweichungen der Meßspannung am Widerstand R_ℓ werden gleichgerichtet oder für den Fall, daß es sich um einen quadratischen arbeitenden Integrator I handelt, zwischen R_ℓ und R''_ℓ quadriert. Den Mittelwert der Spannung am Widerstand R_ℓ bzw. dessen Quadrat erhält man am Kondensator C_ℓ', wo er beim linear arbeitenden Integrator I in Ungleichmäßigkeitsprozenten oder beim quadratisch arbeitenden als prozentualer Variationskoeffizient ablesbar ist. Während der Zeit $t_2 - t_1$ durchläuft eine bestimmte Prüflänge des Faserverbandes den Meßkondensator. Auf Grund der Beziehung

    durchgelaufene Länge = Geschwindigkeit x Zeit   (22a)

gilt für den Integrationsvorgang

Integrationslänge = Materialgeschwindigkeit x Integrationszeit. (22b)

Eine detaillierte Analyse der Stromkreise und der damit verbundenen Probleme geben GROSBERG [26] und PALMER [26], GRIGNET [27,28], MONFORT [28], NIENHUIS [29], STOMPH [29] und van ZWET [29]. WALKER [30] beschreibt den Fielden-Walker Integrator.

a) Die Hauptintegration

Entfällt der in Abbildung 11 gestrichelt gezeichnete Stromkreis $R_L C_L$, so spricht man von einem Integrationsvorgang <u>ohne</u> zusätzlichen elektrischen Dämpfungskreis. Bei dem Integrator I (Uster) ist das der Fall während des Betriebszustandes "Normaltest". Beim Integraphen II (Textronograph) wird dann das Dämpfungsglied D abgeschaltet (Abb. 14). Der Vorgang der Hauptintegration beeinflußt nur die Prüflänge ℓ. Entsprechend der Gleichung (22b) und in Übereinstimmung mit den Ausführungen von LOCHER [31], GROSBERG [26] und PALMER [26] gilt:

$$\text{Hauptintegrationslänge } \ell = k \cdot v (R_\ell C_\ell) = \frac{k \cdot v}{\alpha_\ell}, \quad (23)$$

wobei v die Materialdurchlaufgeschwindigkeit durch den Meßkondensator,
k eine geräteabhängige Konstante und
α_ℓ der reziproke Wert von $R_\ell C_\ell$

sind.

Wäre die Elektrodenlänge b gleich Null, so bekäme man bei einer genügend großen Hauptintegrationslänge $\ell = \ell_T$ den Wert des Totalen Variationskoeffizienten

$$CT = CB(0, \ell_T) = CV(0, \ell_T, \ell_T). \quad (24)$$

Bei allen Geräten der <u>kontinuierlichen Integration</u> ist die Größe der Hauptintegrationslänge nach oben hin begrenzt, weil die Kondensatormeßspannung mit der Zeit nach einer e - Funktion abnimmt. Masseschwankungen, die vom Beginn der Prüfung zeitlich weiter entfernt liegen, beeinflussen das Prüfergebnis nicht mehr in der gebührenden Höhe.

Berücksichtigt man die begrenzte Hauptintegrationslänge und den Umstand, daß die Meßelektrodenlänge b niemals Null sein kann, so liefert der Hauptintegrationsvorgang niemals den genauen Totalen Variationskoeffizienten CT bzw. die Totale Ungleichmäßigkeit U_T, sondern nur einen mehr oder weniger guten Näherungswert:

$CV(b, \ell, \ell_t)$ beim quadratisch arbeitenden Integrator

bzw.

$U_i(b, \ell, \ell_T)$ beim linear arbeitenden Integrator.

Die dritte Länge ℓ_T der erweiterten Schreibweise bedeutet diejenige Länge, welche durch eine Wiederholung der Messungen an vielen Garnstücken und Aufmachungseinheiten erfaßt wird [20, 39].

Bei dem <u>Integrator I</u> (Uster) ist die Hauptintegrationslänge ℓ nur durch die Wahl verschiedener Materialgeschwindigkeiten v beeinflußbar. Der Wert $R_\ell C_\ell$, die sogenannte Zeitkonstante, ist nicht variabel. GROSBERG [26] und PALMER [26] fanden für ihren quadratisch arbeitenden Integrator I $R_\ell C_\ell = 43,4$ s. Sie schildern die experimentelle Bestimmung der Zeitkonstanten RC sowie die Errechnung des Faktors k. Der Faktor k schwankt von 2,0 bis 2,51. Vielfach wird k = 2,2 eingesetzt. Bei den zwei höchsten möglichen Geschwindigkeiten v = 50 m/min bzw. v = 100 m/min erhält man als maximal mögliche Hauptintegrationslängen ℓ = 79,7 m bzw. ℓ = 159 m. Diese Längen können nur mit einem gewissen Vorbehalt als repräsentativ für das Verhalten der gesamten Länge ℓ_T der Grundgesamtheit T angegeben werden.

Führt man, beginnend mit der kleinsten Materialgeschwindigkeit (1 oder 2 m/min), verschiedene Versuche durch und benutzt für jeden folgenden Versuch eine größere Geschwindigkeit v, so erhält man die Punkte des rechten, ziemlich horizontal verlaufenden Astes der <u>inneren</u> Längenvariationskurve $CV(L)$ bzw. $U_i(L)$:

$$CV(b, L, \ell_T) = CV(b, k \cdot v \cdot R_\ell C_\ell, \ell_T) = CV(b, \frac{k \cdot v}{\alpha_\ell}, \ell_T) \ , \tag{25a}$$

$$U_i(b, L, \ell_T) = U_i(b, k \cdot v \cdot R_\ell C_\ell, \ell_T) = U_i(b, \frac{k \cdot v}{\alpha_\ell}, \ell_T) \ . \tag{25b}$$

Je größer v und je kleiner b sind, desto besser ist die Annäherung an den Totalen Variationskoeffizienten CT bzw. an die Totale Ungleichmäßigkeit U_T.

Beim <u>Integrator</u> II (Textronograph) ist neben der Materialdurchlaufgeschwindigkeit v auch die Zeitkonstante $R_\ell C_\ell$ in Stufen von 2 bis 100 sec einstellbar. Auch hier kann man bei der Betriebsart "<u>ohne</u>" zusätzliches

Dämpfungsglied $R_L C_L$ die $CV(L)$- bzw. $U_i(L)$-Kurve gewinnen. Bei den durchgeführten Versuchen zeigte es sich, daß 100 sec als Hauptintegrationszeit noch unzureichend waren. Es wurde deshalb mit 350 sec gearbeitet. Die Zeit des Einspielens des Gerätes auf den Mittelwert kann durch stufenweises Höherschalten der $R_\ell C_\ell$-Stufen beschleunigt werden, dauert bei 350 sec aber immerhin einige Minuten.

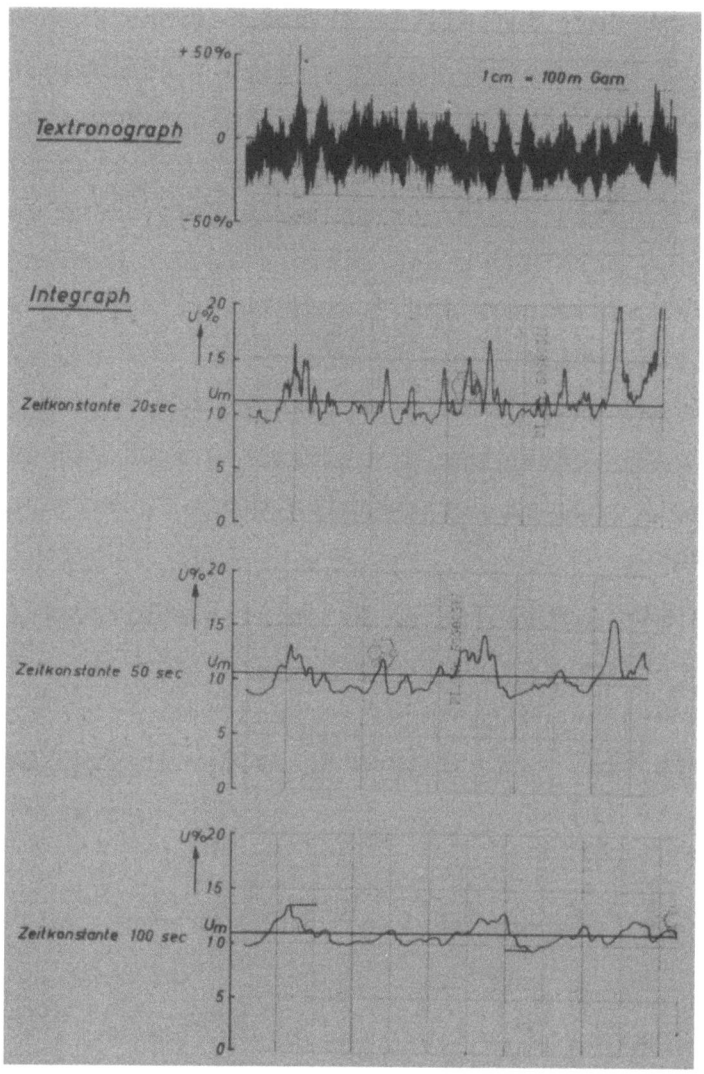

A b b i l d u n g   12

Der Einfluß der Zeitkonstanten $R_\ell C_\ell$ bei kontinuierlicher Integration
(Integraph II)

Das obere Diagramm der Abbildung 12 zeigt die mit dem Textronographen aufgenommenen und mit einem Schreiber registrierten Masseschwankungen von ca. 1000 m Garn. Die darunterliegenden Kurven sind die mit einem weiteren, diesmal an den Integrator II angeschlossenen Schreiber aufgenommenen Integrationskurven $CV(b; k \cdot v \cdot R_\ell C_\ell)$ desselben Garnstückes. Die Kurven wurden mit verschiedenen Integrationszeiten $R_\ell C_\ell$ aufgenommen. Wie man sieht, treten ausgeprägte Kurvenstellen, die ca. 200 m Garn entsprechen, selbst bei einer Dämpfung von $R_\ell C_\ell = 100$ sec noch in Erscheinung. Das rechtfertigt die Wahl großer Hauptintegrationszeiten.

Der Weg der großen Zeitkonstanten wurde in neuerer Zeit auch bei dem kanadischen "Sigma"-Gerät durch die Anwendung einer Hauptintegrationszeit von maximal 300 sec in Stufen zu je 30 sec beschritten [32].

Die nach oben begrenzte Wahl einer der Prüflänge ℓ äquivalenten Hauptintegrationslänge ist die erste Grenze, die der Anwendung des kontinuierlichen Integrationsverfahrens gesetzt ist.

Bei den bisherigen Betrachtungen nehmen wir stillschweigend an, daß der Mittelwertzeiger, ist er einmal eingespielt, konstant bleibt. Das gilt für Garne, die keine langwelligen Störungen enthalten. Bekanntlich enthalten die Endprodukte (z.B. das Garn) die Querstreuung der davorliegenden Fertigungsstufen. Diese Querstreuung geht in das Fertigprodukt (die Garnlänge mehrerer Cops ein und derselben Spindel) als Längsstreuung ein. Es kommt zu sog. Nummernsprüngen, beispielsweise innerhalb der gesamten Garnlänge ℓ_T. Für Laborversuche kann man das umgehen, wenn man mit sog. "abgepaßten" Längen arbeitet, wobei man darauf achten muß, daß in die Vorlagen keine "Anleger" fallen. Dieses Vorgehen entspricht aber nicht der Arbeitsweise eines Industriebetriebes. Die erwähnten Sprünge können das Ergebnis der Integration vollkommen verfälschen. Der Mittelwertzeiger wird also nicht auf den Wert, auf welchen er sich beim Integrationsbeginn eingespielt hatte, stehen bleiben; er wird vielmehr abgleiten. Hier liegt die zweite Grenze für die Anwendbarkeit der beschriebenen Integratoren. Um den störenden Anteil der Nummernschwankungen selbst bei einer großen Hauptintegrationszeit (350 sec) noch zu erfassen, wurde für Garne folgendermaßen verfahren: Aus der gesamten Garnlänge eines Cop wurden einzelne kleinere Längen zufällig entnommen und in gemischter Reihenfolge wieder aneinandergeknüpft. Die zuerst gewählten 100-m-Stücke erwiesen sich als noch zu lang, und daraufhin wurden Stücklängen von 20 bis 30 m gewählt. Die Gesamtprobenlänge betrug ca. 1000 m. Dieses Vorgehen ergab befriedigende Ergebnisse, wobei die Integrationsfehler infolge der Knoten noch vernachlässigt werden können.

Nimmt man die 100- bzw. 20- bis 30-m-Garnteillängen von verschiedenen Cops, so wird gleichzeitig die Querstreuung gebührend berücksichtigt. Natürlich besteht bei solch einer Zerhackung der zusammengesetzten Prüflänge ℓ_T die Gefahr der Nummernsprünge und der damit verbundenen schwankenden Mittelwertsanzeige am Integraphen.

Eine weitere Möglichkeit der Erfassung der Querstreuung besteht darin, nur die Variation innerhalb einzelner Cops, d.h. CB(L, ℓ_C) zu ermitteln, wobei gleichzeitig die Mittelwertsanzeige für einen jeden Cop zu registrieren wäre. Würde während der Messungen der Pegel des Prüfgerätes nicht verändert werden, so wäre der Variationskoeffizient der dort angezeigten Mittelwerte gleich der Streuung der Bobinengewichte CB(ℓ_C, ℓ_T). Entsprechend der Beziehung (17) für die Addition der Teilstreuungen gelangt man zu CB^2(L, ℓ_T). Voraussetzung für die Berechnung des Variationskoeffizienten der angezeigten Mittelwerte ist allerdings die Kenntnis über die Eichung der Mittelwertskala. Hierfür prüft man dasselbe Garnstück bei verschiedenen Pegelstellungen und setzt die abgelesenen Mittelwerte ins Verhältnis zur mittleren Masse, welche man durch Planimetrieren des Diagramms erhält. Dieses Verfahren wurde von den Verfassern in einer vorangegangenen Forschungsarbeit [1] benutzt.

Am linear arbeitenden Integraphen I (Uster) erhält man auf Grund der Gleichung (23) bereits für v = 4 m/min, d.h. für $\ell \approx 6,4$ m, einen $U_i(L)$-Wert, der sehr nahe an dem Wert der Totalen Ungleichmäßigkeit U_T liegt. Es war auch die Absicht bei der Konstruktion dieses Integrators, die bei "Normaltest" erhaltene Anzeige möglichst unabhängig von dem Materialvorschub zu machen. Die Abbildung 13 zeigt diese Geschwindigkeitsabhängigkeit für verschieden starke Faserverbände.

Im Bereich zwischen v = 8 und 100 m/min zeigt der Integraph I einigermaßen konstante Werte. Bemerkenswert ist das Auftreten einer Kurvenkrümmung; sie ist bei den ungleichmäßigen Materialien ausgeprägter als bei den weniger ungleichmäßigen. Der Integraph II ist stärker geschwindigkeitsabhängig. Dieser Effekt dürfte auf die angewandte hohe Hauptintegrations-Zeitkonstante $R_\ell C_\ell$ = 350 s zurückzuführen sein (beim Integraph I: $R_\ell C_\ell \approx$ 40s). Ähnliche Verhältnisse findet man in einer amerikanischen Arbeit [33], wo ein "Brush" - Gerät und ein quadratisch arbeitender Integraph I untersucht werden. Die dort ebenfalls bei

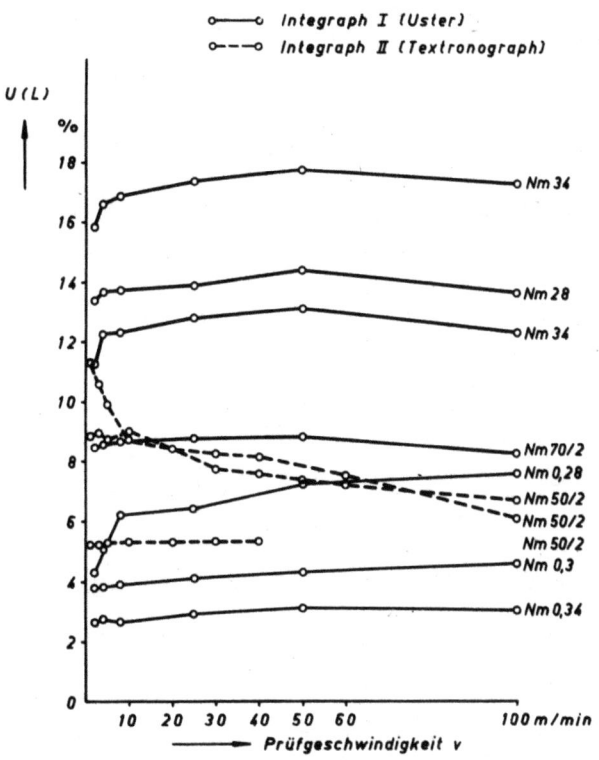

Abbildung 13

Einfluß der Prüfgeschwindigkeit auf die Integrationswerte bei Normaltest bzw. beim Arbeiten ohne Vorintegrationsstromkreis

"Normaltest" gewonnenen Werte zeigen ein ausgeprägtes Maximum bei etwa 50 - 75 yards/min Prüfgeschwindigkeit.

b) Die Vorintegration

Für die Gewinnung von Punkten der Kurve des äußeren Längenvariationskoeffizienten CB(L) bzw. der äußeren Ungleichmäßigkeit U(L) ist es notwendig, die hierzu erforderlichen Schnittlängen L zu erfassen. Die Elektrodenlänge b kann man hierfür mechanisch nur bedingt verlängern. Eine fiktive Verlängerung mittels elektrischer Schaltungsmaßnahmen ist jedoch möglich. Diese wird bei dem Integraphen I (Uster) bei der Betriebsart "Träger Test" mit Hilfe des in der Abbildung 11 gestrichelt gezeichneten, aus dem Kondensator C_L und dem Widerstand R_L bestehenden Stromkreises erreicht. Entsprechendes gilt für den Integraphen II (Textronograph), wo das zusätzliche Dämpfungsglied D_I den elektrischen Stromkreis $R_L C_L$ enthält (Abb. 14). Die am Integrator eintretende Meßspannung U wird vorgedämpft (vorgemittelt), wobei die wirkliche Elektro-

Forschungsberichte des Wirtschafts- und Verkehrsministeriums Nordrhein-Westfalen

denlänge b zur sog. Vorintegrationslänge L vergrößert wird. Letztere entspricht einer äquivalenten Schnittlänge L der Methode des Schneidens und Wiegens. Es gilt:

$$\text{Vorintegrationslänge} \quad L = k \cdot v \cdot (R_L C_L) = \frac{k \cdot v}{\alpha_L} \tag{26}$$

Nach GROSBERG [26] und PALMER [26] erhält man bei dem quadratisch arbeitenden Integrator I (Uster) als Anzeige J^2:

$$CB(L,\ell) = J^2(k \cdot v \cdot R_L C_L, k \cdot v \cdot R_\ell C_\ell) \quad \text{bzw.} \quad J^2\left(\frac{k \cdot v}{\alpha_L}, \frac{k \cdot v}{\alpha_\ell}\right). \tag{27}$$

Genannte fanden für ihr Gerät als Vorintegrations-Zeitkonstante $R_L C_L = 1,32$ s. Sie tragen log J über log v auf. Der Neigungswinkel dieser Geraden sei m. Dabei wird n = 2 tg m gesetzt (vgl. die Formel (28b)). Sie ermittelten den Faktor k rein rechnerisch in Abhängigkeit von den nach ihren Anweisungen zu bestimmenden Gerätekonstanten α_L, α_ℓ und n. Bezugnehmend auf die additiven Eigenschaften der Teilstreuung (Gleichung (14)), erweitern sie die auf eine relativ kurze Hauptintegrationslänge $\ell = k \cdot v \cdot R_\ell C_\ell$ bezogene Integrationsanzeige (27) des Gerätes auf den die Grundgesamtheit repräsentierenden $CB(L, \ell_T)$-Wert:

$$CB(L, \ell_T) = k' \cdot J^2 = k' \cdot CB(L, \ell) \tag{28a}$$

wobei

$$k' = \left[1 - \left(\frac{\alpha_L}{\alpha_\ell}\right)^{-n}\right]^{-\frac{1}{2}} \tag{28b}$$

ist.

Die Abbildung 14 zeigt eine Anordnung der für die Meßwerterstellung, -umformung und Auswertung benutzten Geräte, wie sie vom Verfasser unter Verwendung des linear und kontinuierlich arbeitenden Integraphen II (Textronograph) eingesetzt wurde. Variabel sind hierbei die Materialgeschwindigkeit v und die Zeitkonstanten $R_L C_L$ und $R_\ell C_\ell$. Die Hauptintegrations-Zeitkonstante $R_\ell C_\ell$ ist stets so groß wie nur möglich zu wählen. Bei den vorliegenden Untersuchungen gelangte $R_\ell C_\ell = 350$ s

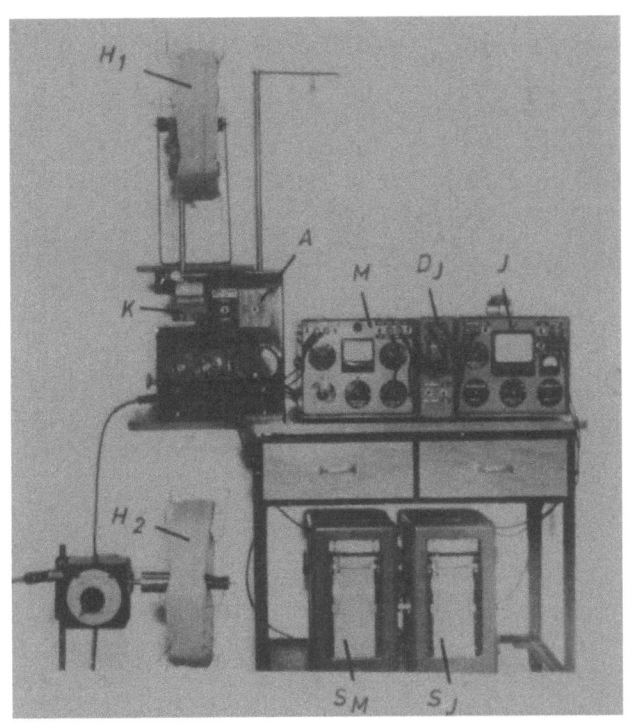

Abbildung 14

Meßanordnung zur Aufnahme der CB(L)-Kurve:

<u>Meßerstellung und Umformung</u>: H_1 Haspel mit ablaufendem Garn, H_2 Motorhaspel mit auflaufendem Garn, A Abzugsgerät, K Doppelschlitz-Meßkondensator (Längsfeldkondensator), M Meßwertumformer (Textronograph), S_M Schreiber zu M. <u>Auswertung</u>: J Integraph II, D_J Dämpfungsglied zu J (Vorintegration), S_J Schreiber zu J

zur Anwendung. Zunächst wurde eine Garnlänge von 1000 m, welche aus zufällig aneinandergeknoteten 30- bis 50-m-Einzellängen bestand, hergestellt. Dadurch erhielt man eine Aufteilung der langen Längen, wodurch eine ausreichende Konstanz des Mittelwertes gewährleistet war. Nach jedem Durchlauf durch den Meßkondensator wurde dieser 1000 m lange aufgehaspelte Faden mit veränderter Zeitkonstante $R_L C_L$ bzw. Geschwindigkeit v neu geprüft.

Die in der Abbildung 15 gezeigten Integrationswerte entstammen allen möglichen Kombinationen der drei Variablen, wenn v zwischen 0,5 und 100 m/min und $R_L C_L$ zwischen 0,05 und 16 s verändert wird. Der erhaltene Punkthaufen bestimmt den Verlauf der Kurve der äußeren Ungleichmäßigkeit U(L).

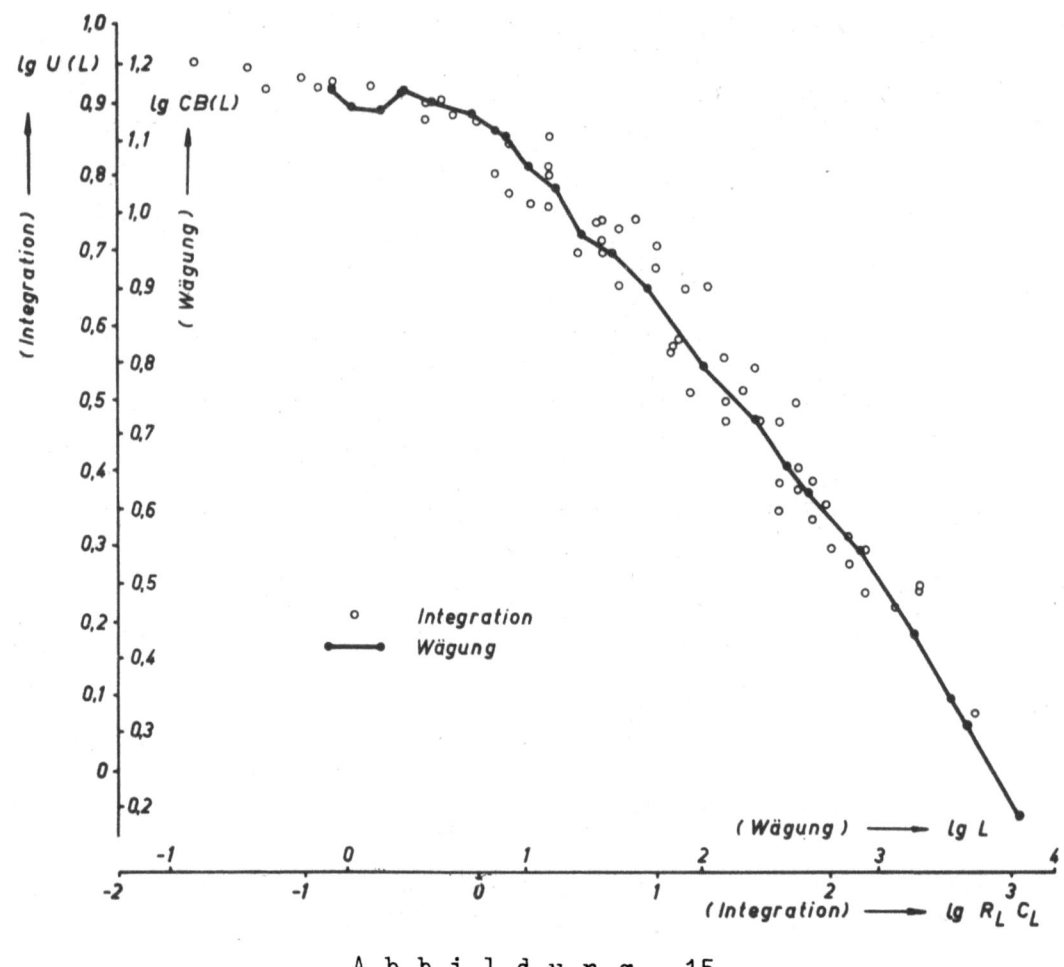

Abbildung 15

Die durch Verschieben zur Deckung gebrachte Wägungs-CB(L)- bzw. Integrations-U(L)-Kurve

Außerdem ermittelte man Punkte der CB(L)-Kurve dieses Garnes durch Schneiden und Wiegen. Diese gravimetrische Kurve wurde auf Transparentpapier aufgezeichnet. Es besteht die von einer strengen Normalverteilung abgeleitete Beziehung:

$$CB(L) = \sqrt{\tfrac{\pi}{2}} \cdot U(L) = 1{,}253 \cdot U(L) \, , \qquad (29a)$$

$$lg\,CB(L) = lg\,1{,}253 + lg\,U(L) \, . \qquad (29b)$$

Die durch Schneiden und Wiegen erhaltene CB(L)-Kurve und die durch kontinuierliche Integration gewonnene U(L)-Charakteristik werden doppellogarithmisch aufgezeichnet und durch Parallelverschiebung zur Deckung gebracht. In der Abbildung 15 wurde v gleich der Einheit 1 m/min gesetzt; es erscheint dann in der Abszissenrichtung nur die Zeitkonstante $R_L C_L$. Auf Grund der Verschiebung des Maßstabes in Ordinatenrichtung wurde der Umrechnungsfaktor 1,66 anstatt 1,253 erhalten. GRIGNET [34] räumt diesem Faktor 1,253 einen Toleranzbereich von 5 % ein.

Es sollte für den benutzten Integraphen II der Faktor k, welchen GROSBERG und PALMER für ihr Gerät (Integraph I) rein rechnerisch mit Hilfe der Gerätekonstanten α_L, α_ℓ und mit Hilfe der Neigung der CB(L,ℓ)-Kurve fanden, experimentell bestimmt werden. Auch hier half die Parallelverschiebung der beiden doppellogarithmisch aufgezeichneten Kurven bis zur Deckung. Es ist:

$$lg\, L = lg\, k + lg\, (v \cdot R_L C_L) \quad . \tag{30}$$

Für den in der Abbildung 15 dargestellten Fall ergab sich:

$$k = \frac{L}{R_L C_L} = 3{,}3 \tag{31}$$

Ebenso wurde bei den in der Abbildung 16 gezeigten vier Garnen verfahren. Hier betrug der Ordinaten-Verschiebungsfaktor 1,66. Für k erhält man den Wert 2,8. Die vorliegende Methode ist zwar ein grobes Verfahren; sie zeigt aber, daß man den k-Wert, welcher geräte- und materialabhängig (Baumwolle, Zellwolle, Schappe) ist, von Fall zu Fall ermitteln müßte.

Die Abbildungen 15 und 16 lassen erkennen, daß dem Integrationsverfahren bei einer der Vorintegrationslänge äquivalenten Schnittlänge L von 5 bis 10 m frühzeitig eine Grenze gesetzt ist. Aus technischen Gründen scheidet hier eine weitere Erhöhung von v aus (Garnabrieb im Kondensatormeßschlitz, Laufschwierigkeiten beim Ab- und Aufhaspeln, Garnfehlverzüge).

Die beiden Abbildungen 15 und 16 zeigen außerdem, daß die CB(L)- bzw. U(B)-Kurven im Bereich ganz kurzer Längen verflachen. In diesem Bereich nimmt die Kondensatorlänge b einen mit der Vorintegrationslänge L vergleichbaren Wert an. Man schreibt hier:

$$L = b + k \cdot v \cdot R_L C_L \quad . \tag{32}$$

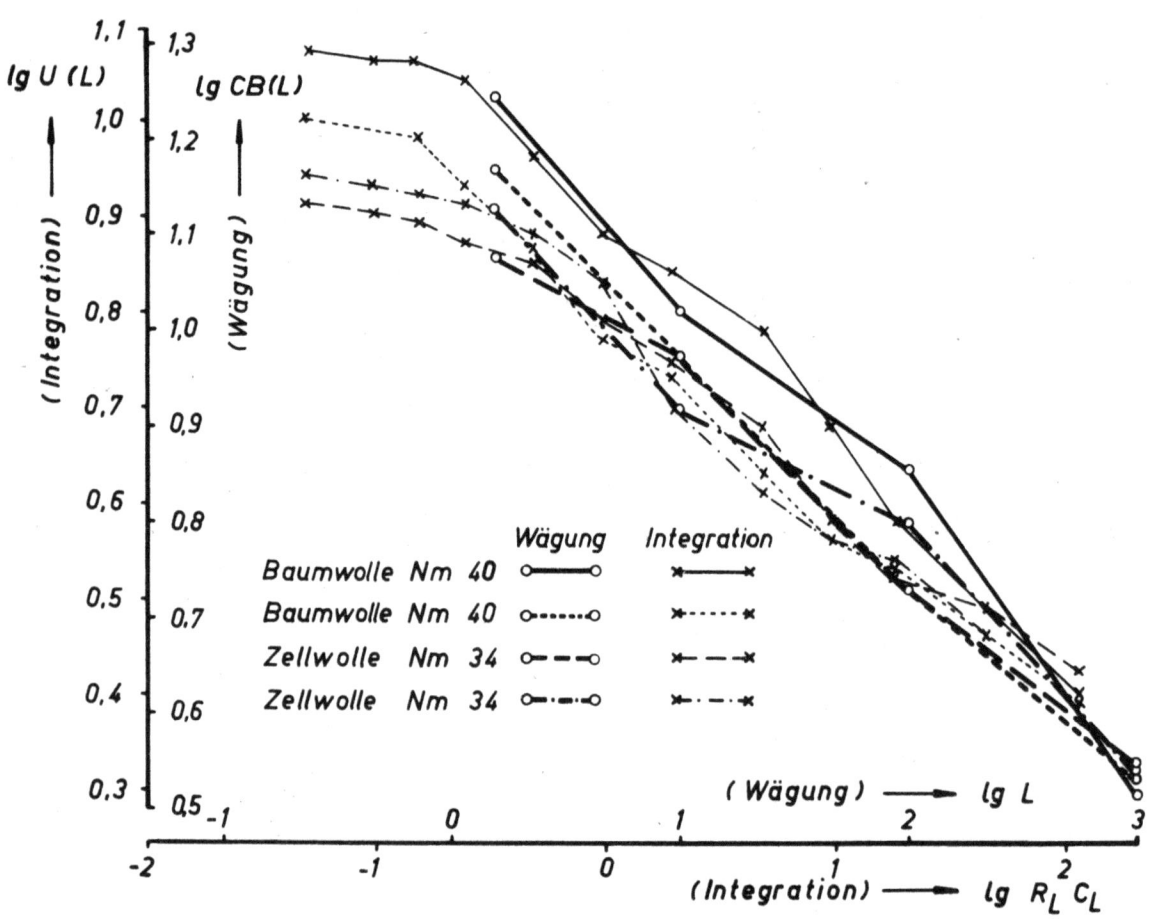

Abbildung 16

Die durch Verschieben zur Deckung gebrachten Wägungs-CB(L)- bzw. Integrations-U(L)-Kurven vier verschiedener Garne

Vermutlich wird hierbei auch der innere Widerstand $R_i C_i$ des Gerätes eine Rolle spielen. Nach NIENHUIS [29], STOMPH [29] und van ZWET [29] ist der innere Widerstand beim Laden des Integrationsstromkreises sehr gering, wird jedoch beim Entladen sehr hoch, so daß die Ansprechzeiten (RC) in diesen zwei Richtungen nicht gleich sind. Dies ist mit ein weiterer Grund, weshalb die beschriebenen Integraphen für sehr präzise Messungen nicht immer geeignet sind.

Die Abhängigkeit von der Prüfgeschwindigkeit ist entweder aufzufassen als die Beeinflussung der CB(L)-Charakteristik durch die endliche Hauptintegrationslänge oder als Beeinflussung der Charakteristik durch die sich verändernde Vorintegrationslänge. Beides hat dieselbe Auswirkung, indem nämlich die Werte gewisser Längen zu günstig ausfallen und sich ein Maximum ausbildet.

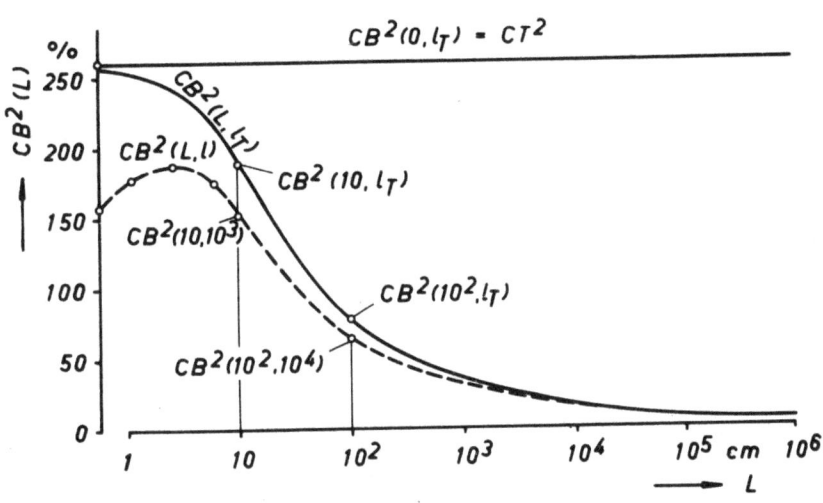

Abbildung 17

Schematische Darstellung des Einflusses der Prüfgeschwindigkeit v auf die Vor- und Hauptintegration

Hierzu sollen an Hand der Abbildung 17 und mittels der eingangs definierten doppelten Längenbezeichnung für das CB(L)-Verhalten folgende Überlegungen angestellt werden: Entnimmt man im Rahmen der Methode des Schneidens und Wiegens Garnstücke der Länge L = 10 cm aus der ganzen Länge l_T der Grundgesamtheit T (beispielsweise aus der Länge der gesamten Spinnpartie), so erhält man den Variationskoeffizienten $CB^2(10, l_T)$, also einen Punkt der äußeren Längenvariationskurve $CB^2(L, l_T)$. Bei dem kontinuierlichen Integrationsverfahren entspricht der Schnittlänge L die Vorintegrationslänge L und der Prüflänge l die Hauptintegrationslänge l.

Die Hauptintegrationszeit $k \cdot R_l \, C_l$ und die Geschwindigkeit v begrenzen die Hauptintegrationslänge beispielsweise auf 10^3 cm. Die Vorintegrationslänge betrage L = 10 cm. Dann erhält man als Ergebnis nicht mehr $CB^2(10, l_T)$, sondern lediglich den tiefer liegenden Punkt $CB^2(10, 10^3)$. Wird die Materialgeschwindigkeit v um eine Potenz erhöht, so nehmen auf Grund der Gleichungen (23) und (26) sowohl die Haupt- als auch die Vorintegrationslänge etwa um den gleichen Betrag zu. Im vorliegenden Fall ergibt sich $CB^2(10^2, 10^4)$. Wird die Materialgeschwindigkeit v hingegen mehr und mehr vermindert, so wird irgendwann die Abnahme des Integrationswertes durch die verminderte Hauptintegrationslänge größer als dessen Zunahme durch die verminderte Vorintegrationslänge sein. Dadurch bildet die $CB^2(L, l)$- ein Maximum aus. Hieraus erhebt sich für die Konstruktion der Integraphen die Forderung, daß das Maximum ihrer $CB^2(L,\ell)$-Kurve bei einer großen Hauptintegrationslänge möglichst nahe an $CB^2(0,\ell_T)$ heranzubringen sei.

Die mit Integratoren gewonnene $CB(L,\ell)$-Kurve wird stets etwas tiefer liegen als die vom Schneiden und Wiegen hergeleitete. Das trifft, wie oben gezeigt ist, besonders für den Bereich kurzer Längen zu. Darauf ist auch vermutlich die von GROSBERG [24] und PALMER [24] bei einer Prüfgeschwindigkeit von 1 yard/min gefundene Verflachung der $CB(L)$-Kurve des Integrators I im Bereich ganz kurzer Längen zurückzuführen.

8. Das Verfahren der diskontinuierlichen Integration

Bei dem kontinuierlichen Integrationsverfahren führt der sich über eine längere Zeit erstreckende Hauptintegrationsvorgang mit Hilfe von Kondensatoren zu einem unliebsamen zeitabhängigen Abfall der Kondensatormeßspannung. Für kleinere Hauptintegrationslängen sind zusätzliche Korrekturrechnungen notwendig. Hinzu kommen die störenden Einflüsse langwelligerer Mittelwertsabweichungen auf den Integrationswert.

Diese Schwierigkeit führte zur Anwendung des von der Firma Dr. Masing & Co., Erbach/Odw., entwickelten diskontinuierlichen Integrations(Summations)-Verfahrens [35].

a) Die Gewinnung von $CB(L)$-Punkten (äußere Längenvariation)

Die hierfür notwendigen Messungen wurden mit Hilfe der in der Abbildung 18 dargestellten Meßanordnung durchgeführt.

Das zu prüfende Garn durchläuft mit der Geschwindigkeit v den Längsfeld-Meßkondensator K. Mit Hilfe des Meßwertumformers M, Textronograph, werden die Schwankungen der Fasermasse laufend in einen hierzu proportionalen elektrischen zeitabhängigen Meßspannungsverlauf $U = f(t)$ umgewandelt. Diese Spannungsschwankungen gelangen, durch den Meßwertverstärker V_M entsprechend linear verstärkt, an den Summationskondensator C_Σ des Summationsgliedes Σ der Anlage. Der Verfasser verwendet also dieselbe Meßwerterstellungs- und Umform-Einheit wie beim kontinuierlichen Verfahren. Nur die kontinuierliche Auswerte-Einheit, welche dort aus dem Integraphen II, $\mathcal{I}$, dem Vorintegrations-Dämpfungsglied D und dem Integrationsschreiber $S_\mathcal{I}$ bestand (Abb. 14), ist hier durch eine diskontinuierlich arbeitende Auswerte-Einheit ersetzt worden. Der elektrische

Vorgang im Summationskreis der Auswerte-Einheit entspricht hierbei etwa dem der Vorintegration, nur spricht man hier anstatt von der Vorintegrationslänge L von der Summationslänge L.

Während einer von 0,22 s bis 9,9 s einstellbaren Summationszeit t_Σ wird der Summationskondensator C_Σ geladen. Entsprechend den Gleichungen (26) und (32) gilt:

$$\text{Summationslänge } L = (v \cdot t_\Sigma) + b \quad . \tag{33}$$

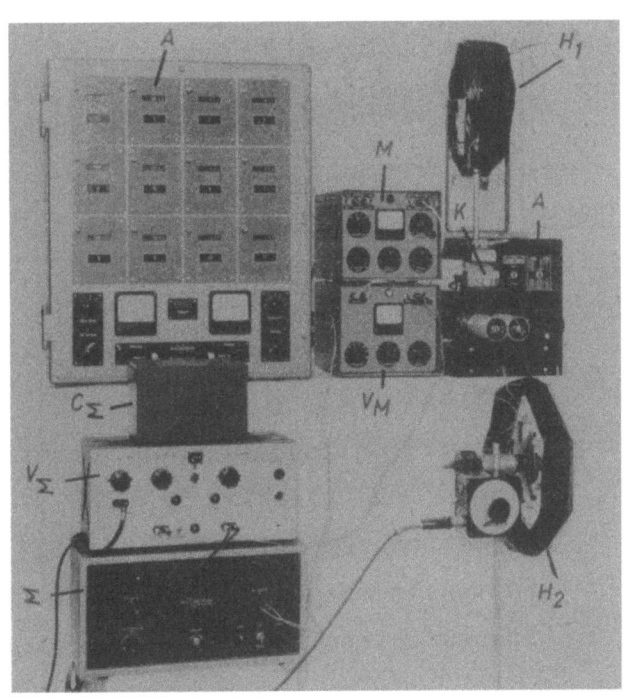

Abbildung 18

Meßanordnung zur Aufnahme von Einzelpunkten der CB(L)-Kurve. <u>Meßwerterstellung und Umformung</u>: H_1 Haspel mit ablaufendem Garn, H_2 Motorhaspel mit auflaufendem Garn, A Abzugsgerät, K Doppelschlitz-Meßkondensator (Längsfeldkondensator), M Meßwertumformer (Textronograph), V_M Meßwertverstärker zu M. <u>Auswertung</u>: Σ Summationsglied (M 120), V_Σ Summationsverstärker (M 119), C_Σ Summationskondensator, A Meßwertspeicher (Auswerter M 128)

Nach Ablauf der Summationszeit t_Σ hat sich, wie man aus der Abbildung 19 erkennen kann, bei C_Σ eine Kondensatorspannung U_{C_Σ} ausgebildet, die der mittleren Masse der in der gewählten Summationszeit t_Σ durch den

Meßkondensator gelaufenen Garnlänge $L = v \cdot t_\Sigma + b$ entspricht. Es beginnt jetzt die von 0,22 bis 4,18 s einstellbare Wartezeit t_w. Während dieser Zeit wird am Ausgange des Summationsgliedes der Endwert von U_{C_Σ} als Impuls U_A abgegriffen und über den Summmationsverstärker V_Σ einem selbstklassierenden <u>Meßwertspeicher</u> A (Auswerter M 128 [37], [38]) zugeführt.

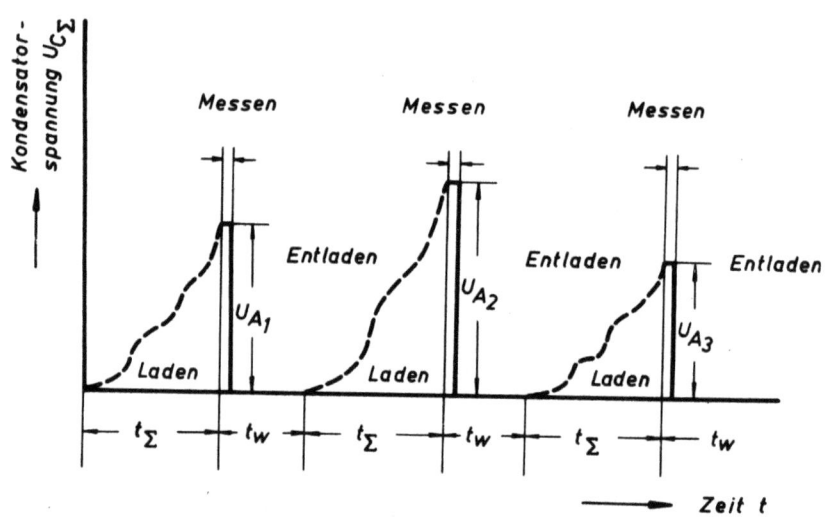

A b b i l d u n g 19

Das Prinzip der diskontinuierlichen Summation
(Integration) nach Dr. Masing:

t_Σ Summationszeit (Ladevorgang)

t_w Wartezeit (Messen und Entladen)

U_A Spannungsimpulse am Summatorausgang

Hiernach wird der Summationskondensator C_Σ durch Kurzschließen entladen und ist mit dem Ablauf der Wartezeit t_w für eine neue Aufladung (Summationsvorgang) bereit. Ein netzsynchronisierter Zeitgeber steuert hierbei den Anker eines Telegraphenrelais in zwei voneinander unabhängige Zeiten t_Σ und t_w. Hieraus erklärt sich die "Diskontinuität" dieses durch exakte Zeitverhältnisse gekennzeichneten diskontinuierlichen Integrationsverfahrens. Gemessen und ausgewertet wird also ausschließlich der jeweilige Spitzenwert (Impuls) am Ende der Ladeperiode Im Gegensatz zu der kontinuierlichen Methode lehnt sich das genannte diskontinuierliche Verfahren infolge der zwischengeschalteten Wartezeiten t_w sehr eng an das Prinzip des Prüfens nach dem "Stichprobenverfahren" an [38]. Die während der Wartezeit t_w den Meßkondensator durchlaufende Garnlänge $L = (v \cdot t_w) + b$ entspricht der Länge des Abfalls beim Schneiden.

Als Prüflänge ℓ gilt beim diskontinuierlichen Verfahren die gesamte Länge des Garnes, aus welchem N Stichproben der jeweils konstanten Summationslänge L entnommen wurden. Sie kann, und das ist ein großer Vorteil, beliebig lang gewählt werden und repräsentiert bei genügend vielen N hervorragend die Länge ℓ_T der Grundgesamtheit T.

Im Vergleich zum Verfahren der kontinuierlichen Integration [39], bei welchem die Überschreitungen (Schwankungen) beiderseits einer Mittellinie (mittlerer Garnquerschnitt) bestimmt werden und somit langwellige, d.h. langzeitig andauernde Änderungen dieser Mittelwertslage sowie Nummernsprünge das Meßergebnis verfälschen, wird bei dem hier geschilderten diskontinuierlichen Verfahren [40] auf keine Mittelinie Bezug genommen. Ein jedes der 11 Zählwerke des Meßwertspeichers (Auswerters) ist einem bestimmten einstellbaren Niveau der Meßgerät-Ausgangsspannung zugeordnet.

Nach dem Durchlauf der gesamten Prüfgarnlänge ℓ liegt an den 11 Zählwerken des Auswerters A die Summenhäufigkeitsverteilung der auf die Summationslänge L bezogenen Schwankung der Fasermasse vor. Die Auswertung der registrierten Summenhäufigkeiten zum Variationskoeffizienten

$$CB(L,\ell_T) \approx CB(L,\ell) = CB(v \cdot t_\Sigma + b, \ell)$$

erfolgt rechnerisch direkt aus den Summenhäufigkeiten [40] oder nach DIN 53 804 über den Weg der Umrechnung in die anzahlmäßige Häufigkeit f_m. Eine weitere Auswertung ist graphisch mit Hilfe des Wahrscheinlichkeitsnetzes möglich, wobei zweckmäßig die Rechenhilfsschablone "Statifix" [42] benutzt wird.

b) Vergleich der Schneide- und Wiegemethode mit dem diskontinuierlichen Summationsverfahren

Um mit der obigen Anlage die CB(L)-Kurve aufzustellen, läßt man die Garnprüflänge mehrere Male den Meßkondensator durchlaufen, wobei v und t_Σ entsprechend der Beziehung (33) aufeinander abzustimmen sind. Das Summationsverfahren benutzte der Verfasser für die Aufstellung von CB(L)-Kurven, von Garnen, deren gravimetrische CB(L)-Kurven durch Schneiden und Wiegen bereits ermittelt worden waren und für einen Vergleich zur Verfügung standen. Zur Prüfung gelangten folgende Garne:

Garn A	Baumwolle	1 1/8"	Klassierstapel	Nm 68
" B	"	1 1/8"	"	" 34
" C	"	1 1/8"	"	" 70
" I	"	1 1/8"	"	" 40
" D	Zellwolle	30 mm	Schnittstapel	" 72
" II	"	30 "	"	" 34

Die Abbildungen 20 bis 25 (s.S. 43 bis 48) zeigen die gewonnenen Längenvariationskurven, wobei jeweils für die obere und die untere Abbildung eine einfachlogarithmische und die mittlere Abbildung eine doppellogarithmische Darstellungsweise benutzt wurde. Die Kreuze stellen die Wägungswerte und die Kreise die Summationswerte dar. Die senkrechten Striche an den einzelnen Punkten geben die Vertrauensbereiche für eine statistische Sicherheit S = 99 % wieder.

Die Anzahl N der Schnittlängen bewegt sich hierbei von N = 200 für lange bis N = 450 für kurze Längen. Die Anzahl N der kurzen und mittleren Summationslängen war bedeutend größer. Hier wurde für beispielsweise L = 1 cm mit einer Stichprobenanzahl N = 2000 gearbeitet. Bei Vorgabe einer bestimmten statistischen Sicherheit S = 95 bis 99 % ist die Weite des Vertrauensbereiches eines Variationskoeffizienten von N abhängig. Je größer N, desto kleiner der Vertrauensbereich. Die durch Summation gewonnenen CB(L)-Kurvenpunkte haben demnach einen kleineren Vertrauensbereich, d.h. sie genießen ein größeres Vertrauen.

Vergleicht man eine gravimetrische Kurve mit der jeweiligen Summationscharakteristik, so zeigt sich, daß die Vertrauensbereiche der zwei unterschiedlichen Prüfarten im Bereich kurzer Längen auf einen statistisch gesicherten Unterschied der zwei Verfahren hinweisen. Dieser Unterschied beruht auf der Ungenauigkeit und Schwierigkeit des Schneidens sehr kurzer Längen L. Durch diese zusätzlichen Schneidefehler (Streuung in der Konstanz der Schnittlänge L) weisen die damit behafteten kurzwelligen gravimetrischen CB(L)-Punkte gegenüber den Summationspunkten eine zu hohe, eine gleiche oder eine zu tiefe Lage auf. Abgesehen von ihrem

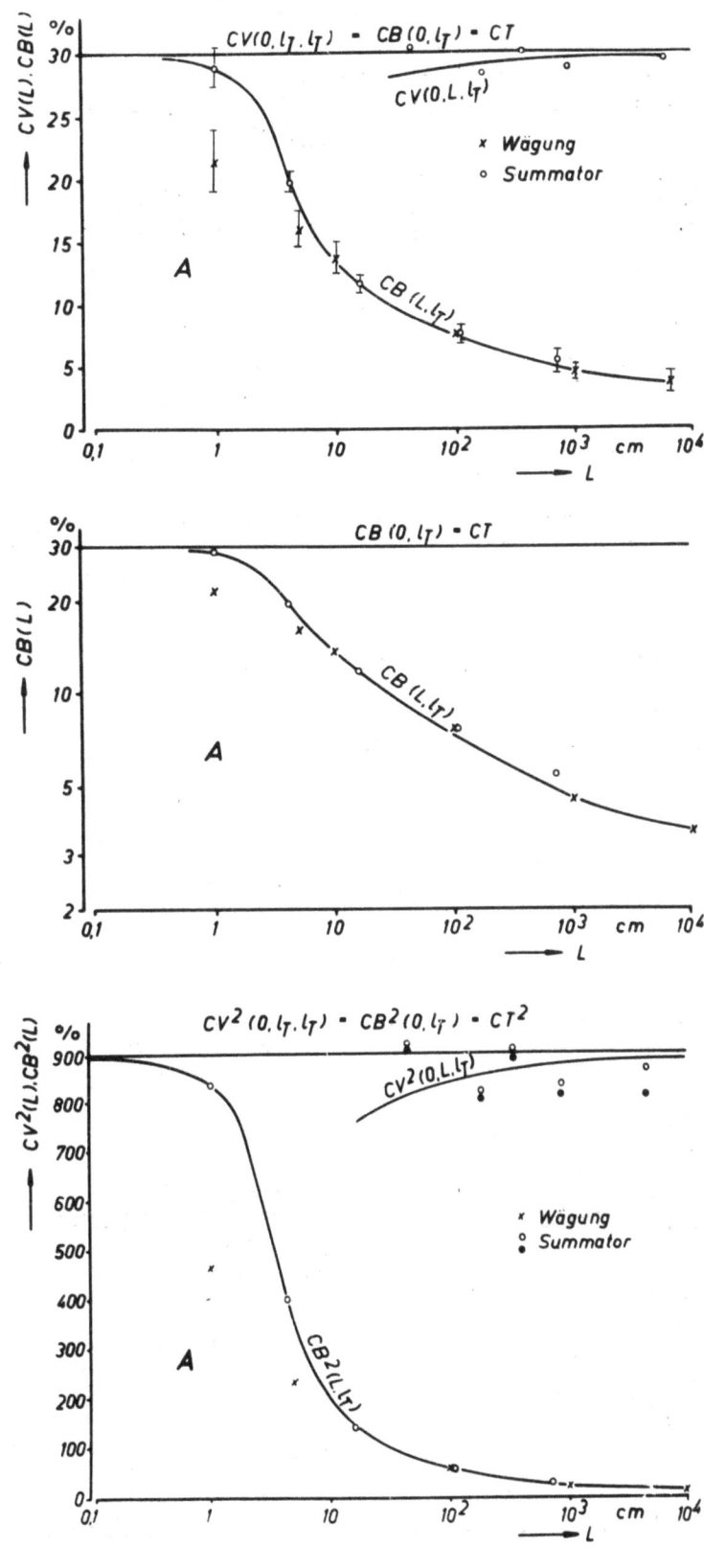

Abbildung 20

Nach dem diskontinuierlichen Summationsverfahren gewonnene äußere und innere Längenvariationskurven eines Baumwollgarnes Nm 68

Forschungsberichte des Wirtschafts- und Verkehrsministeriums Nordrhein-Westfalen

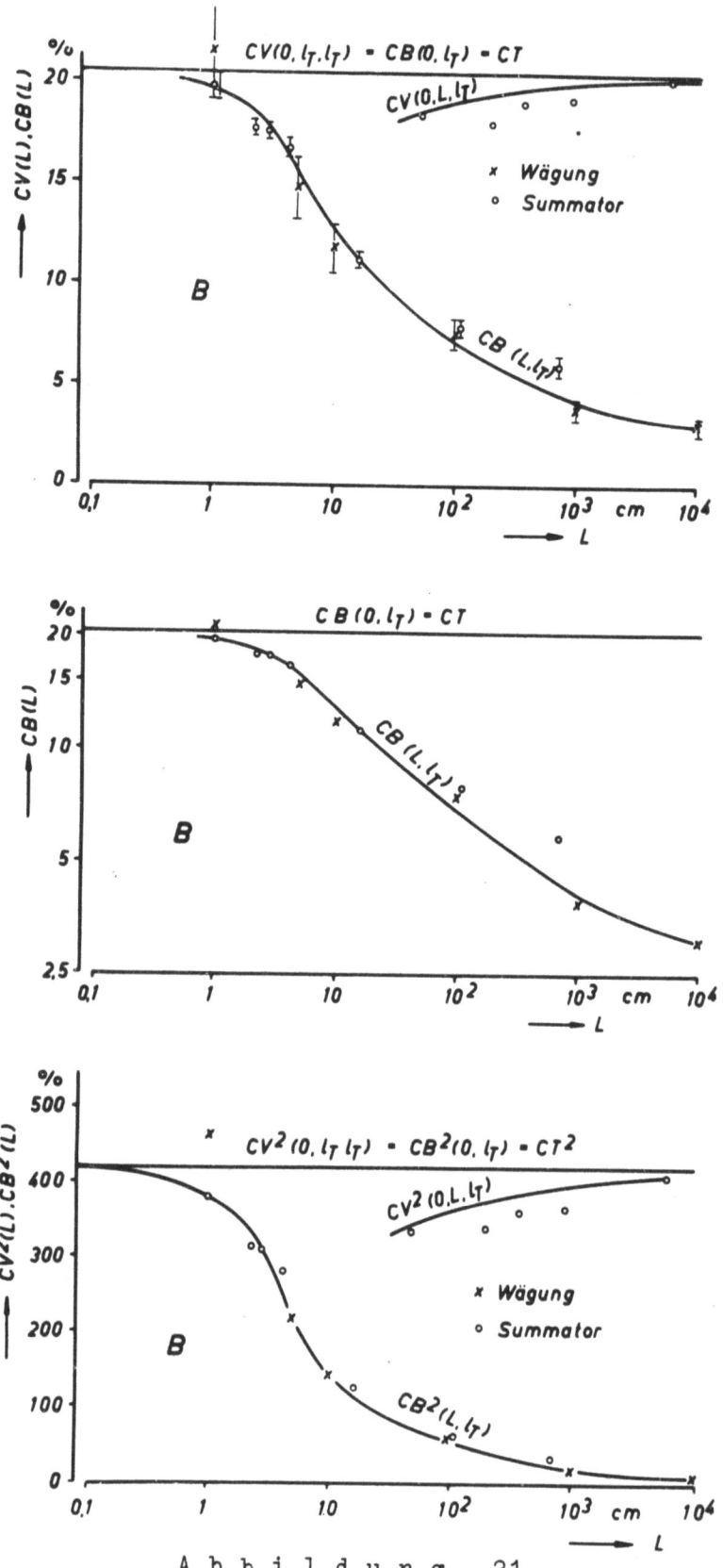

Abbildung 21

Nach dem diskontinuierlichen Summationsverfahren gewonnene äußere und innere Längenvariationskurven eines Baumwollgarnes Nm 34

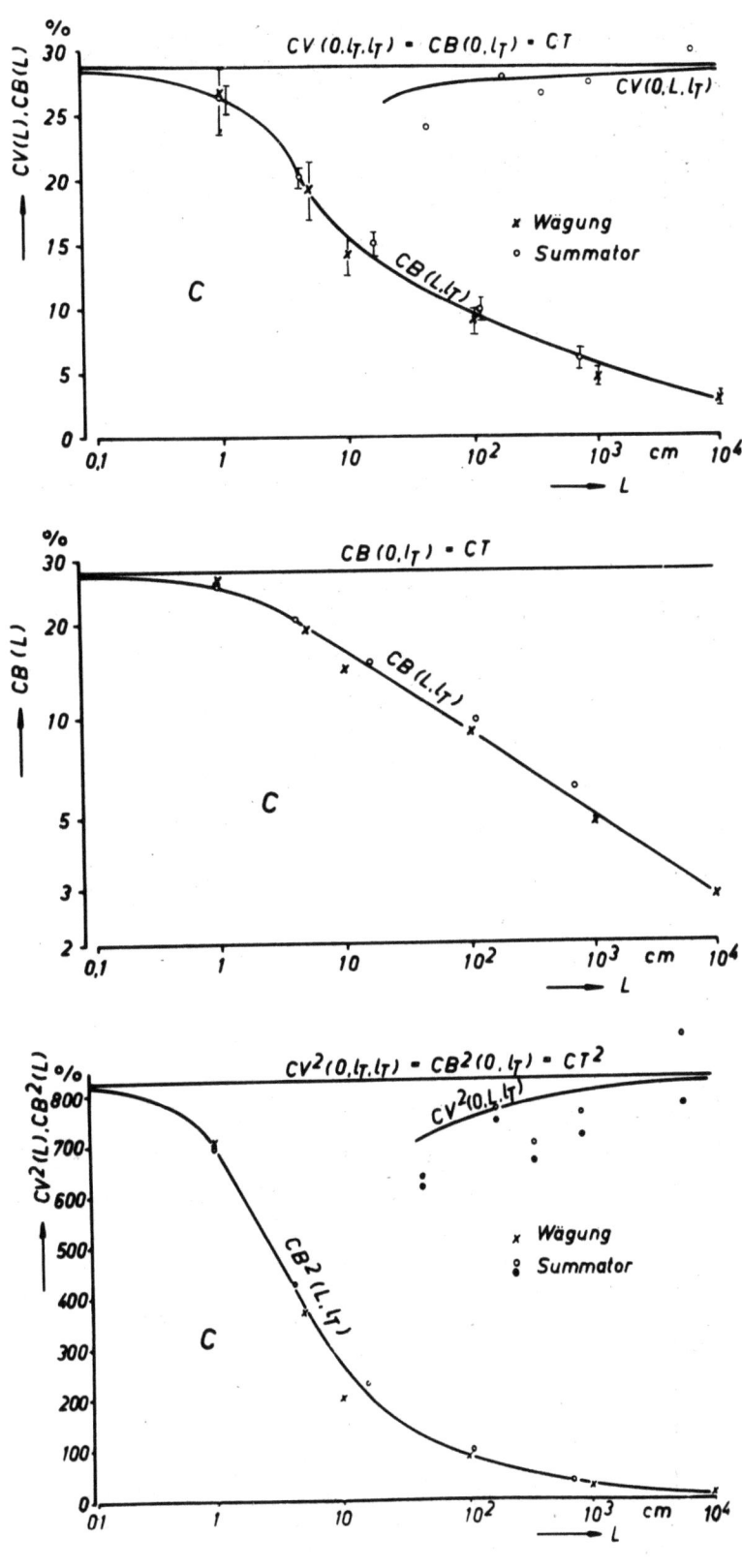

Abbildung 22

Nach dem diskontinuierlichen Summationsverfahren gewonnene äußere und innere Längenvariationskurven eines Baumwollgarnes Nm 70

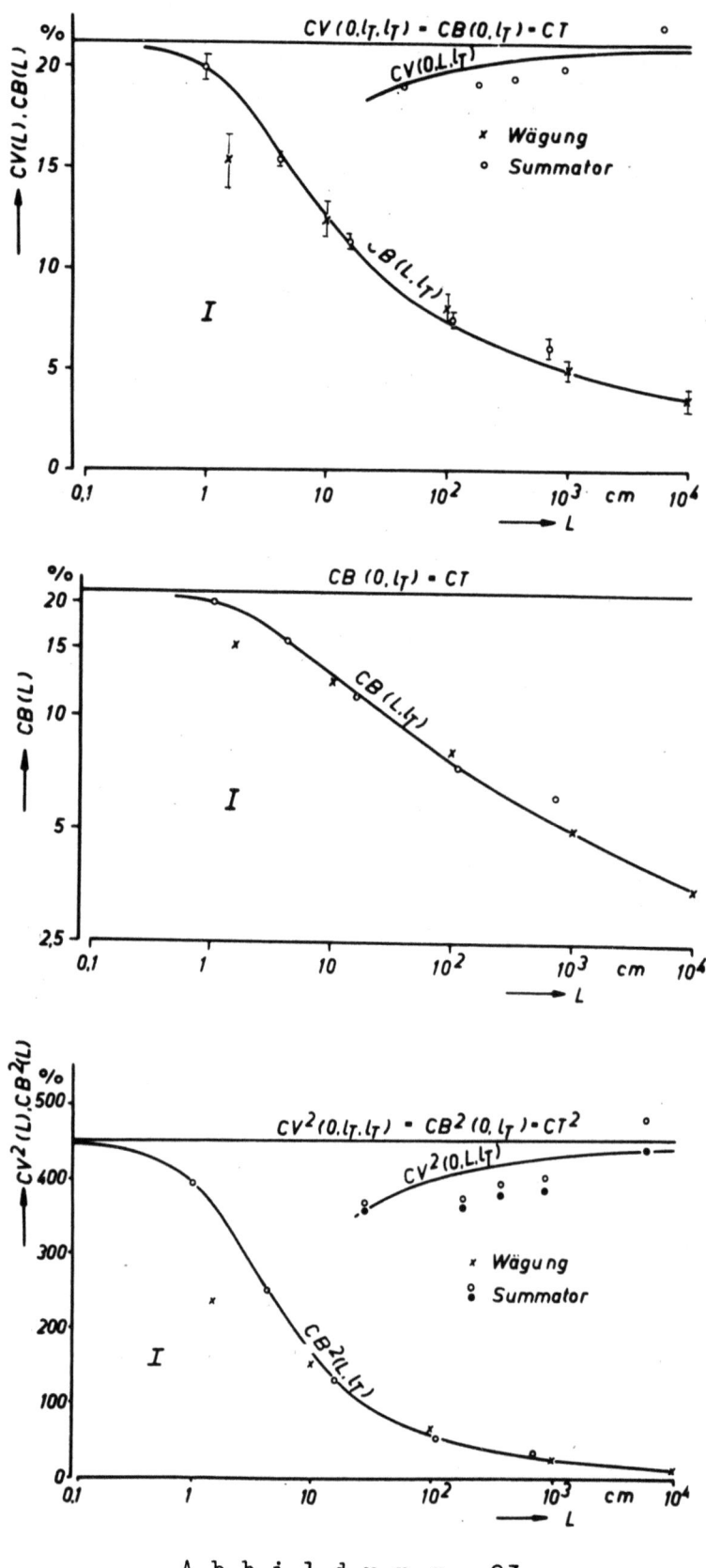

Abbildung 23

Nach dem diskontinuierlichen Summationsverfahren gewonnene äußere und innere Längenvariationskurven eines Baumwollgarnes Nm 40

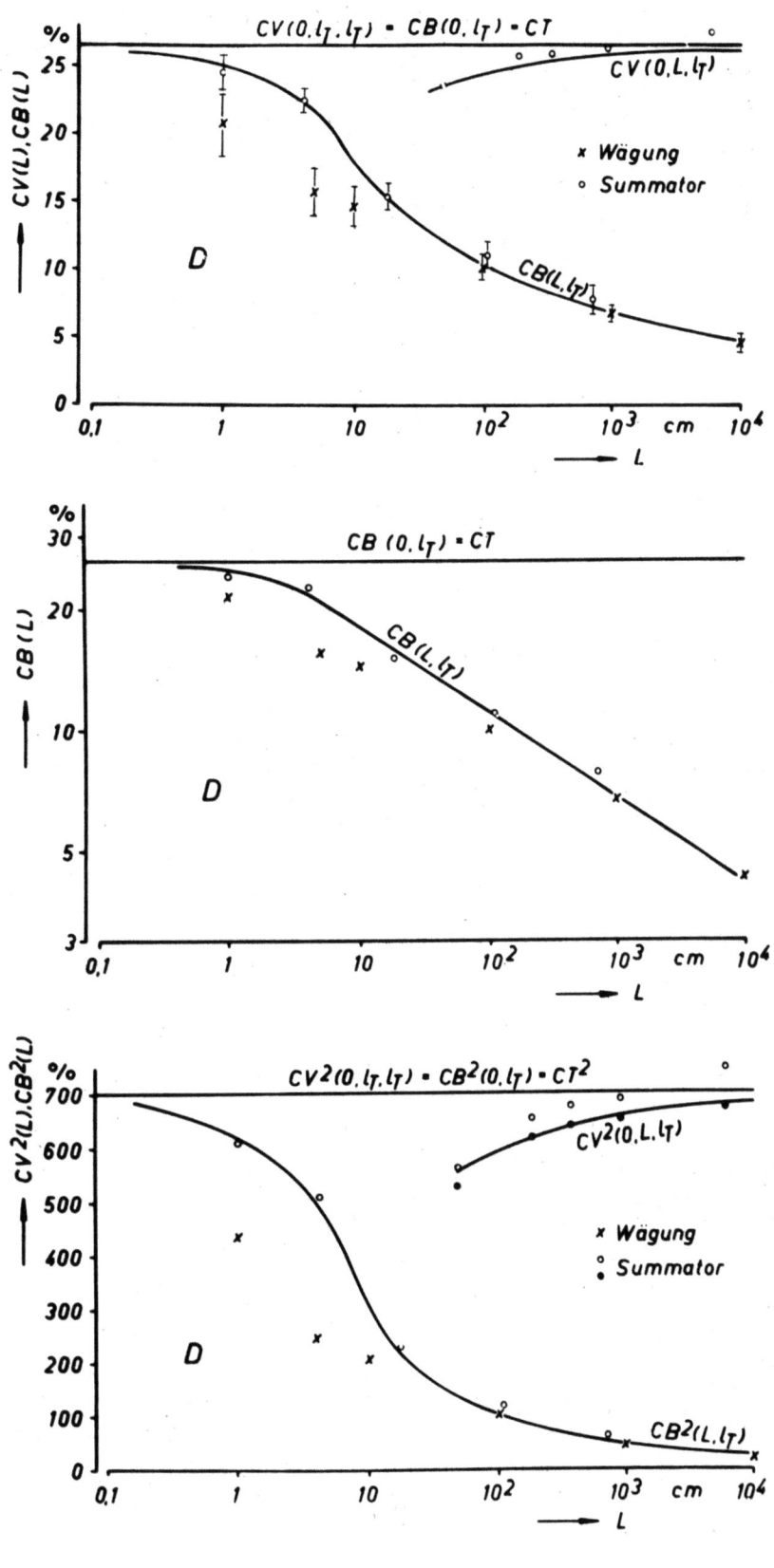

A b b i l d u n g   24

Nach dem diskontinuierlichen Summationsverfahren gewonnene äußere und innere Längenvariationskurven eines Zellwollgarnes Nm 72

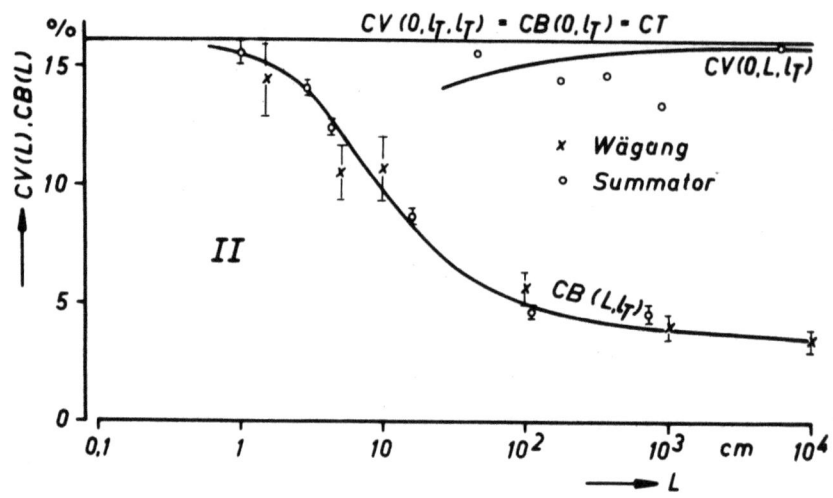
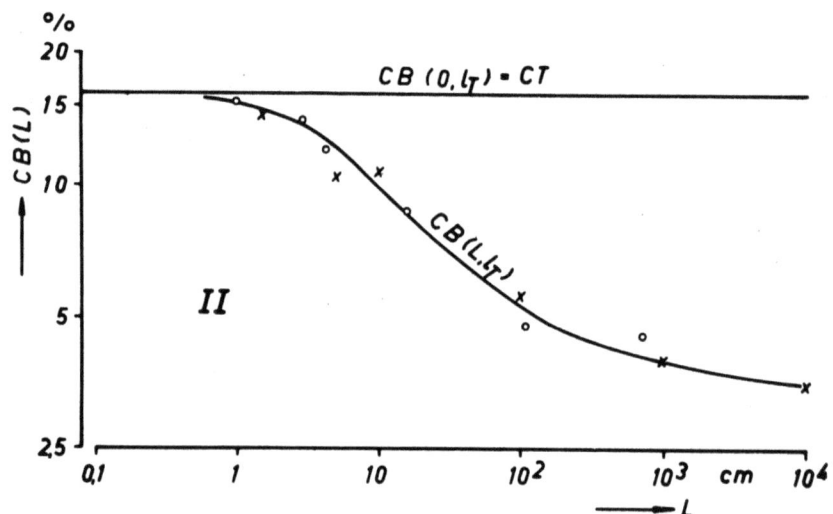
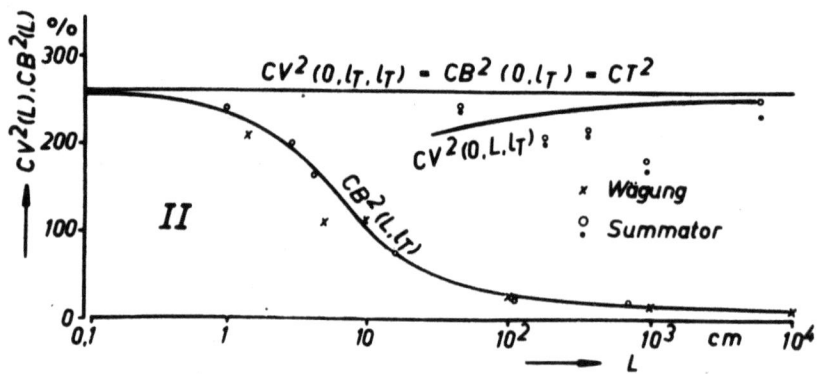

Abbildung 25

Nach dem diskontinuierlichen Summationsverfahren gewonnene äußere und innere Längenvariationskurven eines Zellwollgarnes Nm 34

größeren Stichprobenumfang N, gebührt den durch Summation gewonnenen CB(L)-Punkten in diesem Längenbereich das größere Vertrauen.

Im <u>mittelwelligen</u> Längenbereich stellt man eine weitgehende Ebenbürtigkeit der zwei Verfahren fest.

Im <u>langwelligen</u> Bereich sind die teilweise statistisch gesicherten Abweichungen auf folgende Ursachen zurückzuführen:

Bei den langen Schnitt- bzw. Summationslängen L können von vornherein kleinere "äußere" Variationskoeffizienten CB(L) erwartet werden. Der Streubereich der am Auswerter einzuklassierenden elektrischen Meßspannungen wird demzufolge geringer sein, eine engere Klassenbreite wird zur Anwendung gelangen. Die elektrische Meßwert-Einordnung ist dann als sehr ansprechempfindlich zu bezeichnen. Die im Fasermaterial enthaltenen Feuchtigkeitsschwankungen (die Dielektrizitätskonstante des Wassers ist ungefähr 15mal so hoch wie die eines Zellwollgarnes) können sich bei einer hohen elektrischen Ansprechempfindlichkeit unter Umständen über den elektrischen Bereich mehrerer Klassen erstrecken. Der Verfasser erwog eine Vortrocknung des ablaufenden Garnes in einem dem Meßkondensator vorgeschalteten Trockenkanal. Es bleibt jedoch fraglich, ob solch eine Trocknung auch für hohe Geschwindigkeiten v und für Faserverbände mit größerem Querschnitt (grobes Garn, Lunte, Band) geeignet ist. Selbst bei einer Schwankung der relativen Feuchtigkeit des Raumes von nur $\pm 1\%$ ergeben sich bei entsprechend kleinen Klassenbreiten das Meßergebnis zusätzlich beeinflussende Spannungsschwankungen.

Vielfach wird die Meinung vertreten, daß im doppellogarithmischen System die CB(L)-Kurven eine Gerade ergeben müßten. Das gilt bei den ermittelten Baumwoll- und Zellwollgarnkurven nur für den Bereich mittlerer Längen. Zum kurzwelligen Längenbereich hin biegen die Geraden bei ungefähr $L \approx 2\bar{l} \ldots 3\bar{l}$ zur Abszisse hin ab. Im langwelligen Bereich verflacht die Kurve ab ungefähr L = 10 m. Infolge der apparativen Begrenzung der Abzugsgeschwindigkeit v und der Summationszeit t_Σ nach oben wurde als letzter Punkt des Summationsverfahrens der äußere Variationskoeffizient CB(L) für L = 7 m ermittelt. Infolge der bereits beginnenden Verflachung des rechten Kurventeiles kann man hieraus nicht ohne weiteres durch Extrapolation auf die Variation, beispielsweise zwischen den Garnlängen L = 100 m, schließen.

c) Die Gewinnung von CV(L)-Punkten (innere Längenvariation)

Es wurden für jedes Garn mittels des dikontinuierlichen Summationsprinzipes auch CV(L)-Kurven ermittelt. Voraussetzung hierfür ist eine hinreichend kleine Abtastlänge. Diese entspricht etwa der Länge b des benutzten Garnkondensators, so daß man schreiben kann:

$$CV(0, L, \ell_T) \approx CV(b, L, \ell_T) \ .$$

Bei der CV(L)-Kurve soll entgegen dem Verfahren der CB(L)-Charakteristik die Variation innerhalb (within) einer Prüflänge L ermittelt werden. Man arbeitet ohne Summationsglieder Σ und C_Σ. Die Impulszahl des Auswertegerätes M 128, d.h. die Stichprobenanzahl N, wird hoch genug gewählt, so daß bei einer Einstellung von 10 Impulsen/sec nach 100 sec 1000 Meßwerte festliegen. Bei sehr kleiner Materialgeschwindigkeit v darf die Impulsfrequenz nicht allzu hoch gewählt werden; anderenfalls können die einzelnen Abtastlängen b als nicht mehr voneinander unabhängig angesprochen werden. Die Dauer des Versuches, und hiermit verbunden, die Länge von L hängen nur von der Wahl der Geschwindigkeit v ab. Es gilt:

$$L = v \cdot t_p \ . \tag{34}$$

t_p ist die für den Durchlauf der Garnlänge L benötigte Zeit. Ist i die Anzahl der geprüften Längen L, so gilt:

$$\text{Gesamtprüflänge } \ell = i \cdot L = i \cdot (v \cdot t_p) \ . \tag{35}$$

Bei genügend vielen Längen L kann man für ℓ gleich ℓ_T setzen. Jeder Versuch wurde 20mal durchgeführt und zur Erfassung der Querstreuung ein jedes Mal das Garnstück L einer anderen Bobine verwendet $(20 \cdot L = \ell_T)$. Als kürzeste Länge, deren Prüfung sinnvoll ist, erwies sich eine solche von L = 50 cm. Als größte Prüflänge wurden L = 5000 cm gewählt. Während bei L = 50 cm eine Garngeschwindigkeit von nur 0,5 m/min zur Anwendung kam, wurde diese bei den größeren Prüflängen bis auf 40 m/min gesteigert. Durch diesen Anstieg der Geschwindigkeit wird die Meßkondensatorlänge von 0,3 cm zwangsläufig etwas verändert. Weil hier kein Summationsvorgang vorliegt, ist für t_Σ die Abtastzeit des verwendeten Auswerters M 128 von 0,07 s einzusetzen, und man erhält in Übereinstimmung mit der Gleichung (33) als Abtastlänge $b = (v \cdot 0,07) + 0,3$ in Zentimetern.

Nach den früheren Ausführungen ist jedoch eine steigende Abtastlänge b mit einer Verringerung des Variationskoeffizienten verbunden, und die so gewonnene $CV(b,L,\ell_T)$-Kurve wird auf jeden Fall tiefer liegen als $CV(0,L,\ell_T)$. Analog zu den bereits erwähnten Verhältnissen bei $CB(L)$ soll folgendes gesagt werden: Der Einfluß der Vormittelung auf die Abtastlänge b kann so groß werden, daß die Abnahme des inneren Variationskoeffizienten durch diese Vormittelung stärker wird als die Zunahme infolge der sich gleichzeitig vergrößernden einfachen Prüflänge L. Als Folge der Geschwindigkeitsänderung müßte sich auch hier bei der inneren Längenvariations-Charakteristik ein Maximum ausbilden.

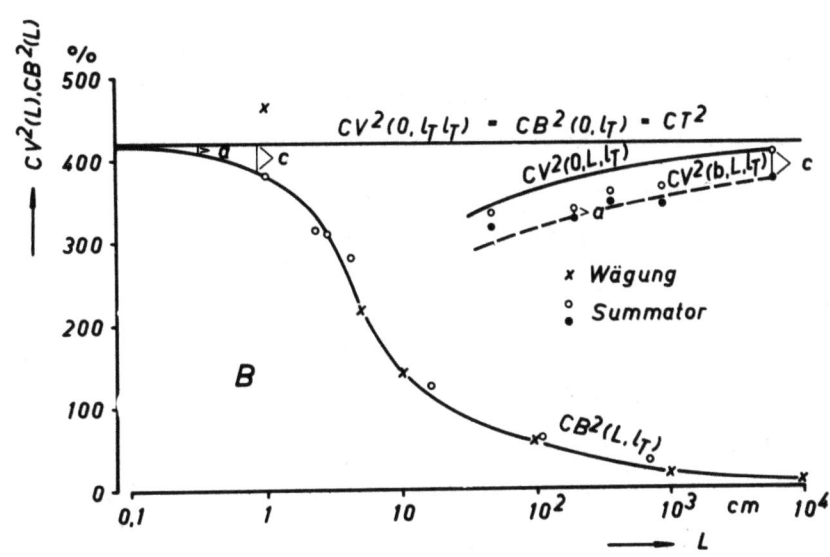

A b b i l d u n g   26

Die Korrektur der $CV(b,L,\ell_T)$-Punkte zu $CV(0,L,\ell_T)$, dargestellt am Baumwollgarn B, Nm 34

Die Abbildung 26 läßt den Einfluß der Abtastlängen-Vormittelung auf die $CV(L)$-Kurve erkennen.

Es ist wünschenswert, die mit verschiedenen Geschwindigkeiten gewonnenen $CV(b,L,\ell_T)$-Werte, die in den Abbildungen 20 - 25 als volle Kreise in Erscheinung treten, in Werte für $CV(0,\ell_T,\ell_T)$, welche als leere Kreise eingezeichnet sind, umzuwandeln. Die Korrektur findet infolge der additiven Beziehung der Anteile nach der Formel

$$CV^2(0,L,\ell_T) = CV^2(b,L,\ell_T) + CB^2(0,\ell_T) - CB^2(b,\ell_T) \tag{36}$$

Seite 51

statt. Man muß also zum Quadrat der gemessenen "inneren" Variation $CV^2(b,L,\ell_T)$ einer Länge L den um die "äußere" Variation dieser Länge L verminderten Totalen Variationskoeffizienten $CB^2(0,\ell_T)$ hinzufügen. Gemessen wurde $CV^2(b,L,\ell_T)$; die Variation $CB^2(L,\ell_T)$ liegt aus früheren Untersuchungen vor. Es muß also noch der Totale Variationskoeffizient $CB^2(0,\ell_T)$ ermittelt werden. Dem Verfahren hierzu ist der nächste Abschnitt gewidmet. Vorausgreifend soll gesagt werden, daß die ermittelten Punkte beispielsweise in der Abbildung 26 um den Korrekturbetrag a oder c angehoben wurden. Die korrigierten Punkte sind in alle Abbildungen 20 bis 25 eingetragen. Ferner wurde der wahrscheinliche $CV(0,L,\ell_T)$-Verlauf aus den vorhandenen $CB(L,\ell_T)$-Kurven berechnet. Die so gewonnenen $CV(0,L,\ell_T)$-Kurven wurden in alle Abbildungen eingezeichnet. Es ergibt sich eine auffallend große Streuung der korrigierten $CV(b,L,\ell_T)$-Punkte um diese Kurven. Da jedem Kurvenpunkt 20 Meßreihen zugrunde liegen, beruhen diese Abweichungen mit auf der Ungenauigkeit der näherungsweisen Ermittlung des Totalen Variationskoeffizienten $CB(0,\ell_T)$.

In der Praxis wird man auf die Erstellung der CV(L)-Kurven nicht zurückgreifen, denn die innere Längenvariations-Charakteristik zeigt in demjenigen Bereich, der meßtechnisch mit einem zumutbaren Aufwand erfaßt werden kann, selbst über einen weiten Längenbereich L hinweg eine nur ganz geringe Veränderung der Variationskoeffizienten. Die CV(L)-Kurven sollten demnach für Vergleiche von Spinnverfahren als unzweckmäßig verworfen werden.

d) Die graphische Ermittlung des Totalen Variationskoeffizienten

Liegt eine nur kleine wirksame Abtastlänge b des Meßkondensators vor (b = 0,3 cm für den Garnkondensator beim Textronograph und b = 0,8 cm beim Uster), so gewinnt man durch den Punkt $CB(b,\ell_T)$ bereits einen angenäherten Wert für den Totalen Variationskoeffizienten $CB(0,\ell_T) = CV(0,\ell_T,\ell_T) = CT$. Anderenfalls wird man auf die Tangentenkonstruktion zurückgreifen. BRENY [6] weist auf Grund einer Betrachtung der Steigung im Kurvenanfang darauf hin, daß die Tangente an die $CB^2(L)$-Kurve im Punkt L = 0 die Abszisse bei $L = 3\bar{\ell}$ schneidet. Der Wert $\bar{\ell}$ stellt hier den mittleren Häufigkeitsstapel dar.

Der Schnittpunkt der Tangente des Kurvenpunktes $L = \bar{\ell}$ mit der Ordinatenachse ergibt den Totalen Variationskoeffizienten $CB^2(0,\ell_T)$ bzw. CT^2.

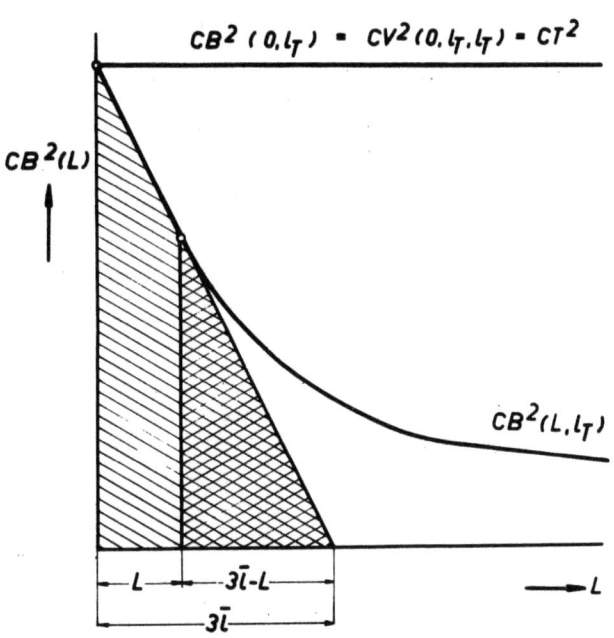

Abbildung 27

Die graphische Bestimmung des Totalen Variationskoeffizienten CT^2 mit Hilfe der BRENYschen Tangentenkonstruktion

Nach der Abbildung 27 handelt es sich um das Verhältnis zweier winkelgleicher Dreiecke

$$\frac{CB^2(0,\ell_T)}{3\bar{\ell}} = \frac{CB^2(L,\ell_T)}{3\bar{\ell}-L} \quad . \tag{37a}$$

Daraus folgt:

$$CT^2 = CB^2(0,\ell_T) = \frac{3\bar{\ell} \cdot CB^2(L,\ell_T)}{3\bar{\ell}-L} \quad . \tag{37b}$$

Wie man aus der Abbildung 28 ersehen kann, lassen sich diese Verhältnisse nicht so einfach auf die praktisch ermittelten $CB^2(L)$-Kurven anwenden. Die gesuchte Tangente kann nur unzureichend genau eingezeichnet werden, so daß der Ordinatenabschnitt, d.h. der Totale Variationskoeffizient, in einem größeren Bereich schwankt. Es steht nicht fest, ob die Tangente unbedingt eine Länge von $3\bar{\ell}$ auf der Abszisse abschneidet. Der Verfasser stellt in Frage, ob die CB(L)-Kurve bei L = 0 wirklich eine solche Tangente hat. PIKARD [43], WEGENER und ROSEMANN [44] geben in ihren theoretischen Betrachtungen der CB(L)-Kurve in ihrem Anfang eine parabelförmige Gestalt mit einer Horizontalen als Tangente. In der

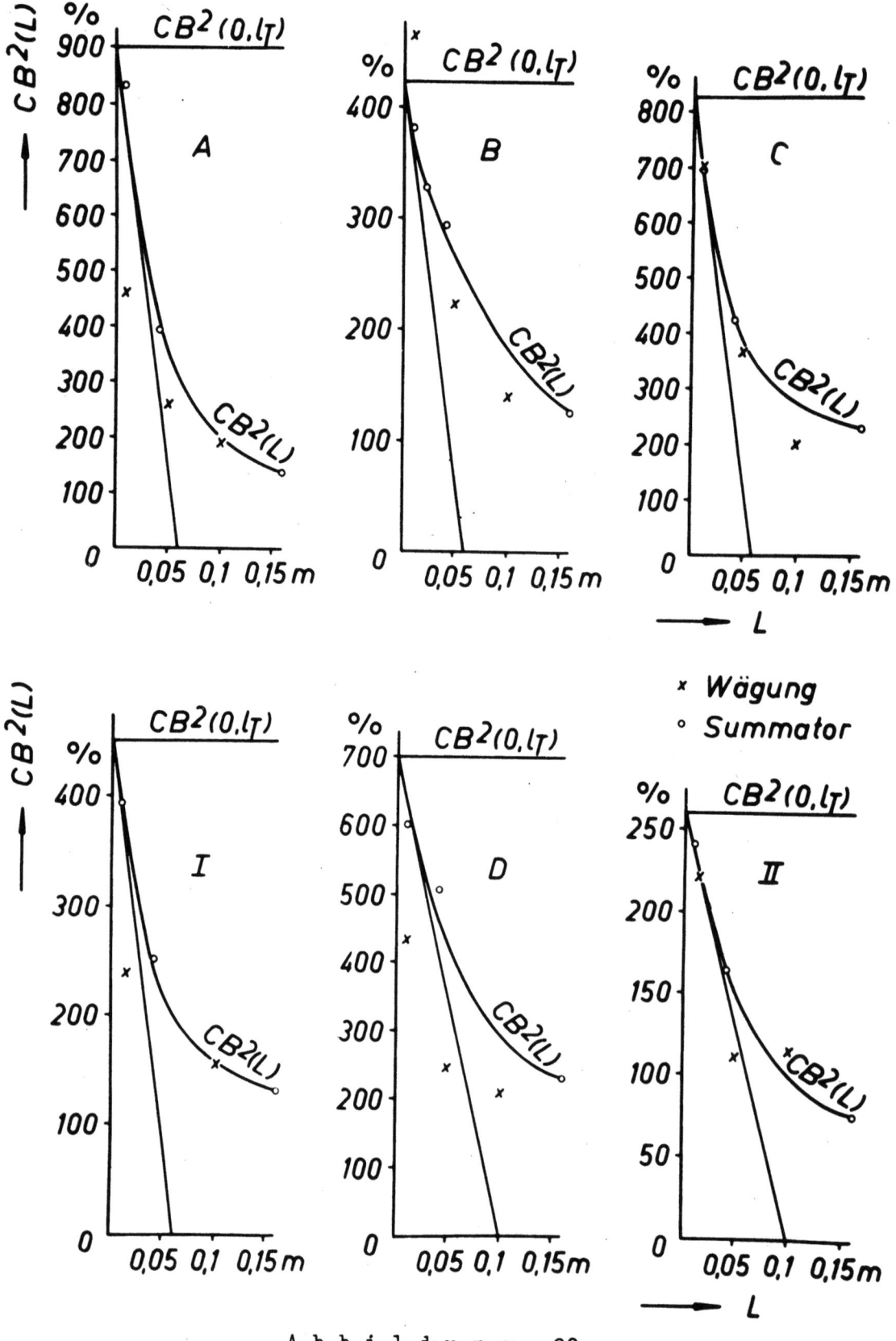

Abbildung 28

Die Tangentenkonstruktion für die graphische Ermittlung des Quadrates des Totalen Variationskoeffizienten $CB^2(0, \ell_T)$ bzw. CT^2

Abbildung 28 ist die BRENYsche Tangentenkonstruktion durchgeführt. Die für $CB^2(0, \ell_T)$ bzw. CT^2 gefundenen Werte fanden in der Gleichung (36) bei der Korrektur der Punkte $CV^2(b, L, \ell_T)$ der Abbildungen 20 bis 25 Verwendung.

e) Die kombinierte Summations-Auswertanlage

Während bisher die einzelnen Punkte der CB(L)-Kurve durch eine Wiederholung des Summationsvorganges mit veränderten Summationslängen ermittelt wurden (Abb. 18), ist es durch eine Kombination mehrerer solcher Einheiten möglich, bei nur einem einzigen Garndurchlauf mehrere Punkte der CB(L)-Kurve gleichzeitig aufzunehmen (Abb. 29) [40]. Dieses Verfahren bedeutet eine erhebliche zeitliche Verbesserung des Prüfvorganges. Das Garn wird nicht mehr, wie bei einem wiederholten Prüfvorgang zu befürchten ist, verändert. Da jedes Summationsglied auf eine andere Summationszeit einstellbar ist, kann man bei einer entsprechenden Garngeschwindigkeit v unter Verwendung von beispielsweise vier Summations- und Auswertgliedern gleichzeitig vier Punkte des kurzwelligen CB(L)-Bereiches gewinnen. Ein weiterer Durchlauf ergibt bei entsprechender Abstimmung der Veränderlichen t_{ε}, t_w und v vier CB(L)-Punkte im mittelwelligen Bereich [44, 45]. Die mit dieser automatischen mehrfachen CB(L)-Summations- und Auswertanlage "Aachen" gewonnenen CB(L)-Kurven werden der Gegenstand eines weiteren Forschungsberichtes sein.

III. Der Gebrauch der Längenvariationskurve

Wie hier bereits gesagt, eignet sich für textile Untersuchungen vornehmlich die CB(L)-Kurve. Geht man von der Garnprüfung, die den breitesten Raum im Prüfwesen einnimmt, aus, so muß man den Zweck der Prüfung im Hinblick darauf unterscheiden, ob diese nach vorwärts, d.h. in Richtung auf das Gewebe, oder nach rückwärts, d.h. in Richtung auf den Spinnprozeß, ausgerichtet ist. Das eine Mal will man eine Aussage über die mutmaßliche Gleichmäßigkeit des aus dem Garn herzustellenden Gewebes, das andere Mal eine Aussage über den Spinnprozeß gewinnen.

9. Die Beziehung Garn - Gewebe

Zur Untersuchung dieser Relation [47,48] sind in der Abbildung 30 fünf charakteristische Garn-CB(L)-Kurven schematisch dargestellt worden. Die Kurve V

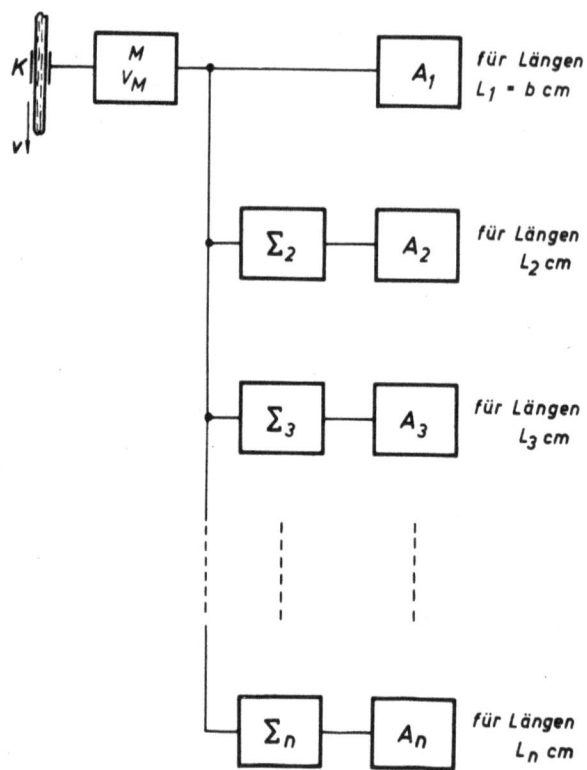

Abbildung 29

Prinzip der gleichzeitigen Gewinnung mehrerer CB(L)-Punkte durch eine Mehrfachauswertanlage. K Meßkondensator, v Faserbandgeschwindigkeit, M Meßwertumformung, V_M Meßwertverstärkung, A_1 bis $_n$ Auswerter, Σ_2 bis $_n$ Summatoren, L_1 bis $_n$ Summations(Vorintegrations)längen

ist die theoretische CB(L)-Kurve des idealen äußeren Variationskoeffizienten. Im Verlauf dieser Betrachtung werden die doppellogarithmisch aufgetragenen CB(L)-Kurven aus Gründen der Vereinfachung als gradlinig angenommen (Kurven I, II, III, IV). In der Abbildung 30 weisen die drei Garne I, II, und III die gleiche Streuung ihrer Copsgewichte CB(ℓ_c, ℓ_T) im Punkt B auf. Das Garn II sei ein Garn ohne besonders hervorstechende kurze sowie langwellige Schwankungen. Bei dem Garn III dagegen fällt wegen der geringen kurzwelligen Schwankungen (Schnittigkeiten) die zusätzliche Variation (Querstreuung) CB(ℓ_c, ℓ_T) dafür um so stärker ins Gewicht. Die Abbildung 31 soll veranschaulichen, wie sich diese charakteristischen Fehler im Gewebebild ausdrücken können. Abbildung 31a zeigt das Schußbild des Garnes I mit starken kurzwelligen Schwankungen. Die optische Wirkung der vorhandenen Variation CB(ℓ_c, ℓ_T) wird durch die

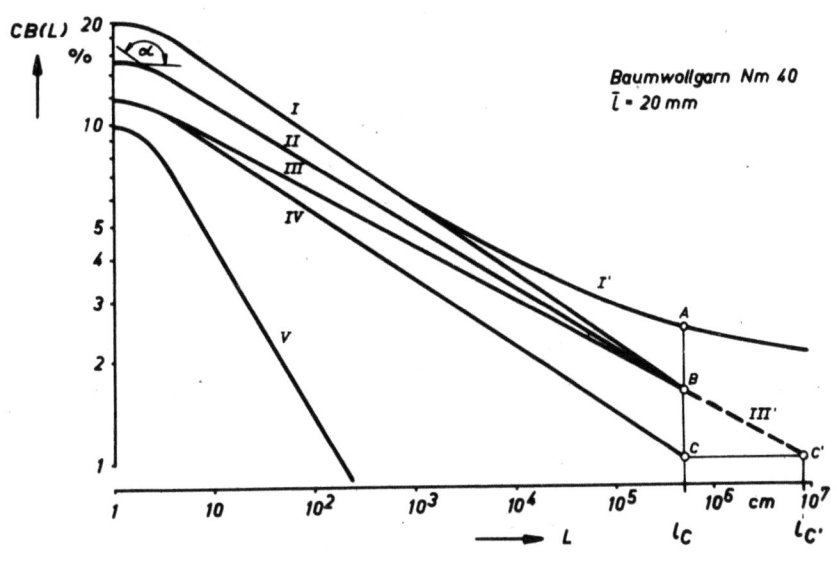

Abbildung 30

Charakteristische Neigungen und Formen der äußeren Längenvariationskurve CB(L) bei einer doppellogarithmischen Darstellungsweise

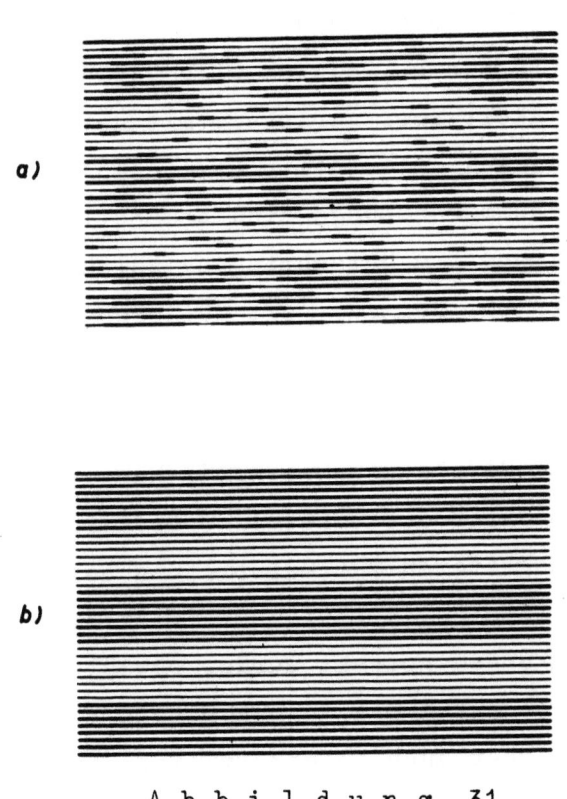

Abbildung 31

Garnschuß-Bild

Der Einfluß von kurzwelligen und langwelligen Schwankungen auf das Gewebebild

überwiegenden kurzwelligen Schwankungen sehr gemildert. Obgleich die Variation CB(l_c, l_T) des Garnes III (Abb. 30) gleich der des Garnes I ist, läßt das zugehörige Gewebebild in der Abbildung 31 b erkennen, daß die langwellige Ungleichmäßigkeit nunmehr bei Garn III infolge Fehlens der sie verdeckenden kurzwelligen Schwankungen erheblich mehr das Aussehen des Gewebes bestimmt. Da der kurzwellige CB(L, l_T)-Wert den Betrag des entsprechenden theoretischen Variationskoeffizienten nicht unterschreiten kann (Abb. 30, Kurve V), ist die Abbildung 31b selbstverständlich als idealisiert anzusehen. Dazwischen gibt es, den Gegebenheiten entsprechend, viele Übergänge.

Soll das durch die langwelligen Schwankungen des Garnes III charakterisierte Gewebebild geändert und mehr dem des Garnes II angepaßt werden, so läßt sich dies durch Verringerung der langwelligen Schwankungen (Nummernschwankungen) erreichen. Man würde dann z.B. die Kurve IV der Abbildung 30 mit dem Endwert CB(l_c, l_T), d.h. Punkt C, erhalten. Interessanterweise käme man theoretisch zu dem dem Betrag nach gleichen Wert CB($l_{c'}$, l_T) im Punkt C', wenn man die Garnlänge auf der Bobine von l_c auf die Länge $l_{c'}$ verlängern würde. Dadurch wird die Nummernhaltung zwar nicht besser, die Häufigkeit aber geringer, mit der Anfänge von Cops zusammenfallen, was vielfach mit einem plötzlichen Nummernsprung verbunden ist. Diese krassen Nummernsprünge sind bekanntlich der Anlaß der gefürchteten Schußstreifen. Die Unterbringung solch großer Garnlängen auf einem Cop ist jedoch bei den zur Zeit üblichen Ringspinnprozessen nicht gut möglich.

Die Frage darüber, ob die kurz- oder die langwelligen Schwankungen von größerem Einfluß auf das Gewebeaussehen sind, hängt von den Gegebenheiten ab. Fest steht, daß durch die einseitige Bevorzugung von kontinuierlich arbeitenden Integratoren zur Garnprüfung bei Normaltest das Hauptaugenmerk auf den Totalen Variationskoeffizienten und somit auf die kurzwelligen Schwankungen gelenkt wurde, obwohl der Einfluß der langwelligen Schwankungen durch das Vorhandensein von Schußstreifen erwiesen ist. Man sollte daher auch in der Prüftechnik berücksichtigen, daß die Ungleichmäßigkeit eines Garnes durch folgende Größen charakterisiert ist:

a) durch den Totalen Variationskoeffizienten zur Beurteilung des kurzwelligen Verhaltens = Abschnitt auf der CB-Achse (Schnittigkeit),

b) durch die Steigung der Längenvariationskurve zur Beurteilung des mittelwelligen Verhaltens,

c) durch die Querstreuung bzw. Streuung der langen Längen als Maß für die Nummernhaltung (Schußstreifen).

10. Die Beurteilung des Spinnprozesses

Zur Beurteilung des Spinnprozesses wurden die schematisch in der Abbildung 32 gezeigten Prozesse untersucht. Die Abbildung 33 enthält die durch Wägung ermittelten CB(L)-Kurven aller Verarbeitungsstufen. Das Fallen von Kurvenpunkten mit kleiner werdender Schnittlänge ist unwahrscheinlich und entweder auf Periodizitäten oder auf eine Unvollkommenheit in der Probenahme zurückzuführen. Der Stichprobenumfang selbst genügt mit N = 300 den zu stellenden Anforderungen.

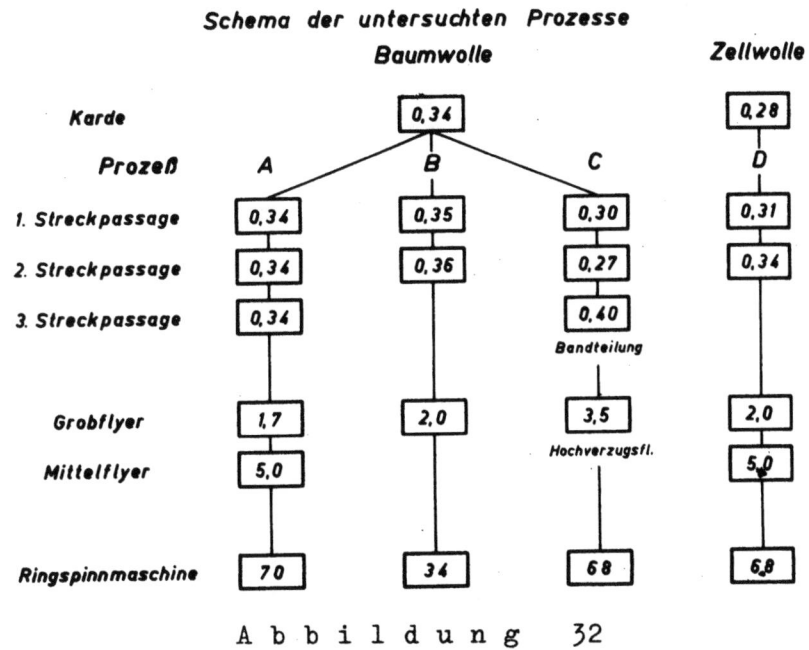

Abbildung 32

Fertigungspläne von drei verschiedenen Baumwoll- und einem Zellwoll-Spinnprozeß

In der vorliegenden Form besagen die Meßergebnisse der Abbildung 33 nicht viel, da die Größe des Verzuges und die der Dublierung nicht für alle Prozesse und Stufen gleich war. Die Kurven sind mithin weder inner-

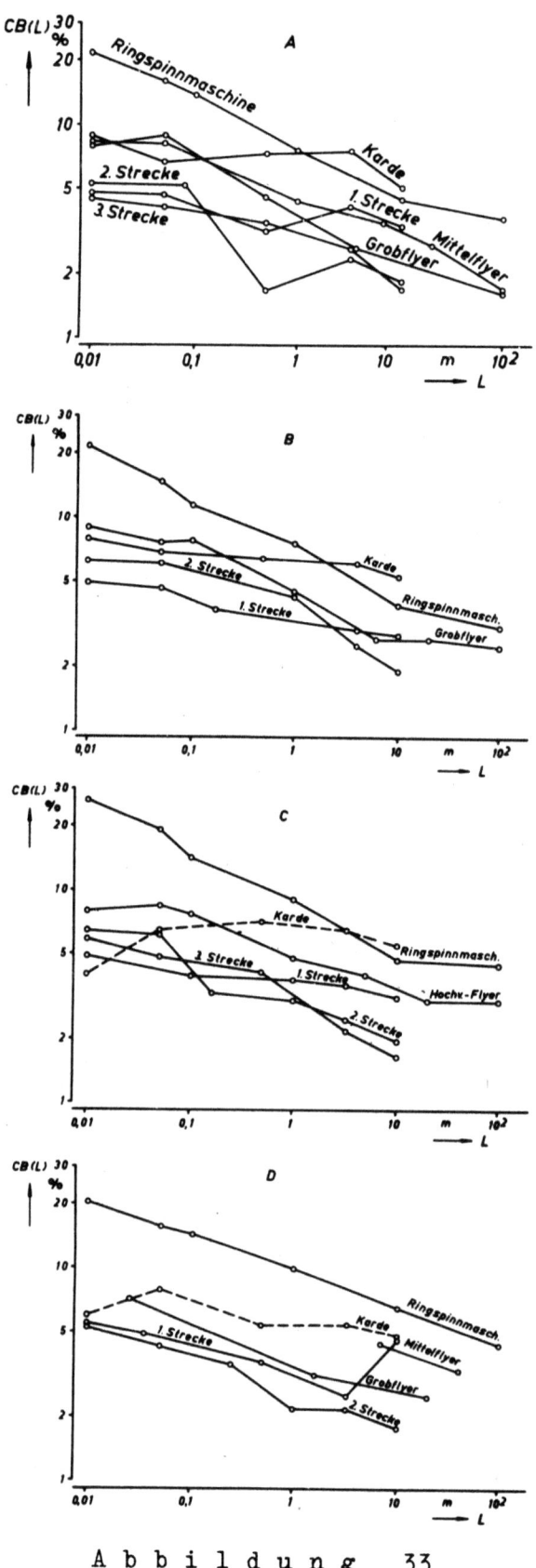

Abbildung 33

Äußere Längenvariationskurven der Ausspinnprozesse A bis D

halb eines Prozesses, noch von Prozeß zu Prozeß vergleichbar, es sei denn, es lägen zufällig gleiche metrische Nummern vor. Um die Kurven vergleichbar zu machen, berücksichtigte der Verfasser, vom Garn aus rückwärts rechnend, den Verzug und die Dublierung. Hierfür wurden einmal alle äußeren Variationskoeffizienten durch die Wurzel des entsprechenden Gesamtverzuges bis zum Garn dividiert, wobei die Garnkurve unverändert bleibt. Des weiteren wurden die so korrigierten Werte über dem Produkt Länge mal Verzug aufgetragen, die Kurven also, wiederum vom Garn ausgehend, um den Verzug nach rechts verschoben. Das Ergebnis für die Garne A bis C zeigt die Abbildung 34.

Decken sich bei dieser Darstellungsweise zwei Kurven, so bedeutet dies, daß das Material unter Berücksichtigung des Verzuges ohne einen Zuwachs an Ungleichmäßigkeit weiterverarbeitet worden ist.

Tatsächlich findet aber, wie man sieht, von Stufe zu Stufe ein Zuwachs an Ungleichmäßigkeit statt. Der Prozeß A zeigt im großen und ganzen eine normale Zunahme der CB(L)-Werte zwischen den Stufen. In dem Prozeß B ist der Stufensprung von der ersten zur zweiten Strecke relativ groß, wohingegen sich die Kurve des Grobflyers gut einordnet. Im Prozeß C ist die gute Kurvenlage der Bandteilungsstrecke (3. Strecke) bemerkenswert.

Ein weiterer Vorteil dieser Darstellungsweise liegt darin, daß man nicht nur den absoluten Betrag, sondern auch den Längenbereich, in dem ein Zuwachs an Ungleichmäßigkeit stattgefunden hat, an Hand der Steigung der Kurven erkennen kann. So sieht man bei den drei hier betrachteten Prozessen A, B und C, daß alle Flyer dem Garn starke langwellige Schwankungen aufdrücken, was sich mit den bisherigen in der Praxis gemachten Erfahrungen deckt. Auch bei den Strecken liegt, ebenso wie im kurzwelligen Bereich, ein beachtlicher Zuwachs des Variationskoeffizienten im langwelligen Bereich vor. Um die Ursache dieser Erscheinung zu finden, wurde $CB(\ell_c, \ell_T)$ mit Hilfe der Streuungsanalyse ermittelt und als Endpunkt jeder Variationskurve eingetragen, wobei ℓ_c die Länge des sich auf einer Aufmachungseinheit (Cop, Spule, Kanne) befindlichen Faserverbandes (Garn, Lunte, Band) bedeutet. Wie zu erkennen ist, ordnen sich die so gewonnenen Kurvenpunkte im großen und ganzen in die Tendenz des Kurvenverlaufs der Bänder, Lunten und Garne ein. Aus dem Betrag von $CB(\ell_c, \ell_T)$ kann man schließen, daß die Querstreuung als eine wesentliche Ursache der Zunahme des Variationskoeffizienten zwischen den einzelnen Fertigungsstufen anzusehen ist.

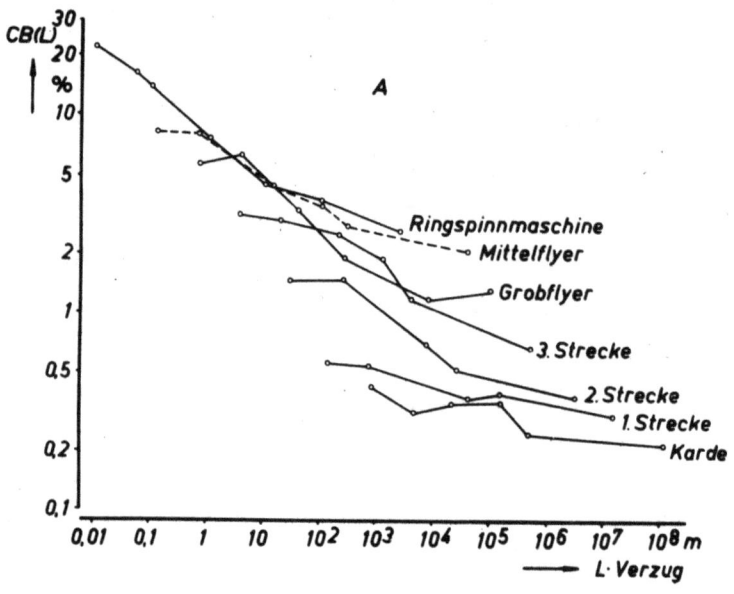
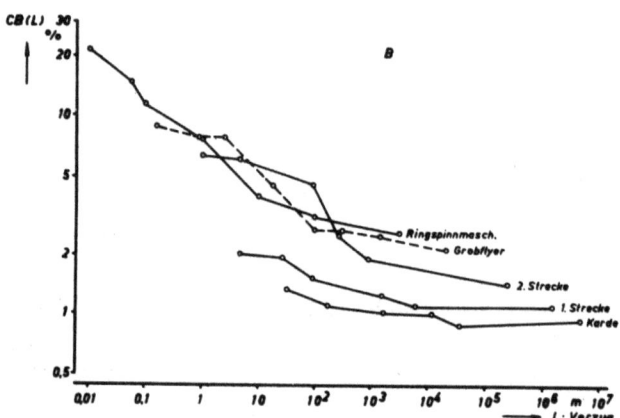
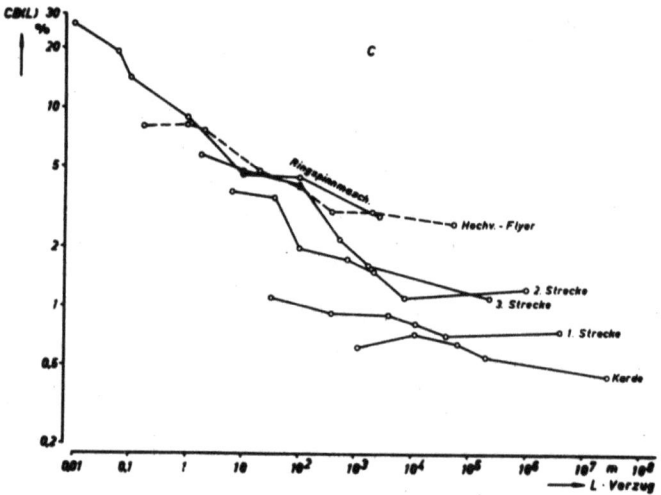

Abbildung 34

Äußere Längenvariationskurven korrespondierender
(korrigierter) Längen der Ausspinnprozesse A bis C

Soll ein Vergleich sowohl zwischen den Fertigungsstufen eines Prozesses als auch zwischen den einzelnen Prozessen selbst durchgeführt werden, so kann man die K(L)-Werte als Funktion des Produktes Länge mal Verzug ermitteln. Die entsprechenden Werte sind in der Abbildung 35 doppellogarithmisch dargestellt. Derjenige Prozeß kann dabei als der beste angesehen werden, bei welchem der Bereich, den die Kurven vom Kardenband bis zum Garn bilden, am schmalsten ausfällt. Das ist beim Prozeß B der Fall. Wenn das Garn B aber trotzdem zu ungleichmäßig ausfällt, wie das die relative Höhe des K(L)-Bereiches erkennen läßt, so liegt das an dem bereits zu schlechten Kardenband. Der Prozeß C ist ungünstiger als der Prozeß A, was einmal auf das schlechte langwellige Verhalten des Kardenbandes und zum anderen auf die starke Zunahme der kurzwelligen Ungleichmäßigkeit im zweiten Streckenband zurückzuführen ist. Der Prozeß A zeichnet sich bereits äußerlich durch seine Ausgeglichenheit aus.

Die Berechnung und Darstellung von K in Abhängigkeit von L mal Verzug ist umständlich. Beschränkt man sich nur auf die K(0)-Werte, also die Grenzwerte, also die Grenzwerte für L = 0, so kann man von der auch von MEYER [8] benutzten Beziehung:

$$\frac{K_{Vorlage}}{K_{Ablieferung}} = \frac{CB(0)_{Vorlage}}{CB(0)_{Ablieferung}} \cdot \sqrt{\frac{Verzug}{Dublierung}} \qquad (38)$$

Gebrauch machen.

Wie man sieht, treten dabei an die Stelle der K-Werte die gemessenen Totalen Variationskoeffizienten, wodurch die Rechnung erheblich erleichtert wird. Bedingung ist allerdings, daß die Messung mit möglichst kurzen Schnittlängen L bzw. Abtastlängen b erfolgt, was bei den üblichen kurzen Garnkondensatoren näherungsweise angenommen werden kann.

Bei der Prüfung von Bändern wird allgemein aus technischen Gründen mit breiteren Kondensatoren gearbeitet. Dann ist der Einfluß der Vormittelung auf den Totalen Variationskoeffizienten CB(0) nicht mehr vernachlässigbar. Aus diesem Grunde ist man gezwungen, gewichtsäquivalente (korrespondierende) Längen zu prüfen. Die obige Beziehung nimmt dann die Form

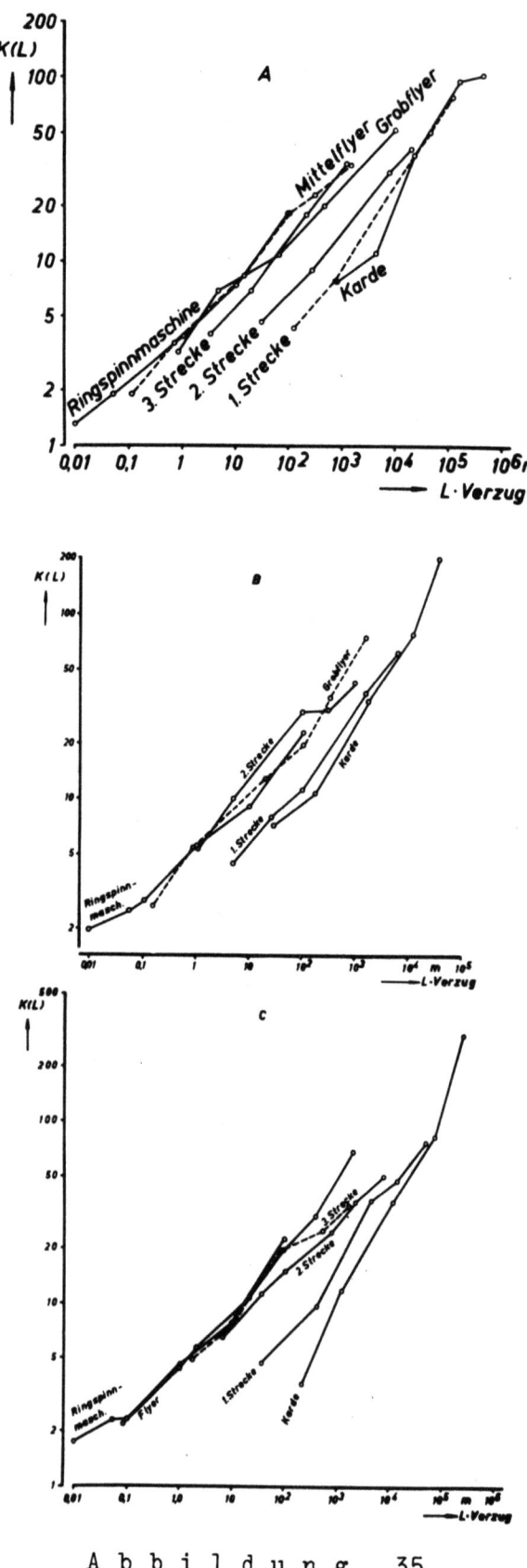

Abbildung 35

K-Werte korrespondierender (korrigierter) Längen der Ausspinnprozesse A bis C

$$\frac{K(L)_{Vorlage}}{K(L)_{Ablieferung}} = \frac{CB(L)_{Vorlage}}{CB(L)_{Ablieferung}} \cdot \sqrt{\frac{Verzug}{Dublierung}} \quad (39)$$

an.

Die Veränderung der Schnitt- bzw. Vormittelungslänge L ist bei kapazitiven Gleichmäßigkeitsprüfern möglich.

In danke an dieser Stelle meinen Schülern, den Herren Diplom-Ingenieuren ZAHN, HOTH und PEUKER für die Mitarbeit an dem behandelten Problem.

Zusammenfassung

Ausgehend von der Schwankung der Fasermasse, werden die äußere und die innere Längenvariationscharakteristik des <u>idealen</u> Faserverbandes beschrieben, die in den Gleichungen von BRENY, OLERUP und MARTINDALE ihren Ausdruck finden und als Grenz-Variation $CB(L)_{ideal}$ bzw. $CV(L)_{ideal}$ gekennzeichnet sind. Beim <u>tatsächlichen</u> Spinnen werden diese praktisch nie erreichbaren Grenzungleichmäßigkeiten infolge der unvollkommenen und gestörten Faserverteilung in den Verzugszonen der einzelnen Fertigungsstufen durch zusätzliche Ungleichmäßigkeiten (Verzugswellen, kurz- und langwellige Störungen) überlagert, so daß man es stets mit der tatsächlichen Längenvariation $CB(L)_{tats.}$ bzw. $CV(L)_{tats.}$ des Faserverbandes zu tun hat.

Beginnend mit der klassischen Methode des Schneidens und Wiegens, erläutert der Verfasser die Auswertung kontinuierlich aufgeschriebener Fasermasse-Diagramme und geht näher auf zwei halbautomatisch <u>kontinuierlich</u> arbeitende elektronische Integrationsverfahren ein (Gleichmäßigkeitsprüfer Uster und Textronograph), welche zur Aufstellung der Längenvariationskurven benutzt werden können. Um von vornherein Klarheit über die durch die Messung erfaßten Faserverbandslängen zu schaffen, wird hier fast ausnahmslos die doppelte bzw. dreifache Längenbezeichnung verwendet. Die CB(L)-Integrationskurven werden mit den durch Schneiden und Wiegen gewonnenen verglichen, wobei graphisch sowohl der diese zwei Verfahren verbindende Faktor k als auch der Umrechnungsfaktor zwischen der äußeren Ungleichmäßigkeit U und dem äußeren Variationskoeffizienten CB gewonnen werden.

An Hand eines Prinzipschaltbildes des bekannten Uster-Integrators vermittelt der Verfasser einen Einblick in die elektronische Lösung der

Umwandlung der Schnitt- und Prüflängen L und l der gravimetrischen Methode in äquivalente Vor- und Hauptintegrationslängen. Es wird herausgestellt, daß der Anwendung von kontinuierlich arbeitenden Integratoren - bedingt durch die meist zu kurze Hauptintegrationslänge, mangelnde Konstanz der Mittelwertsanzeige und unliebsame Dämpfungserscheinungen beim längeren Integrieren sowie umständliche notwendige Korrekturrechnungen - eine Grenze gesetzt ist.

Ferner wird eine <u>diskontinuierlich</u> arbeitende einfache Summations- und Auswertanlage der Firma Dr. Masing & Co besprochen, und die damit gewonnenen CB(L)-Kurven werden mit den gravimetrisch gewonnenen verglichen, wobei einige Nachteile des kontinuierlichen Integrierens (Mittelwertabhängigkeit, begrenzte Hauptintegrationslänge) durch die verwendete Impulstechnik, d.h. durch exakte Zeitverhältnisse (Wartezeit, Summationszeit), fortfallen und in kurzer Prüfzeit sehr hohe Stichprobenanzahlen erreicht werden.

Die Aufstellung der CV(L)-Kurve ist apparativ nur für langwelligere Längenbereiche - und auch dann nur näherungsweise - möglich, wobei sich dieser Teil der CV(L)-Kurve für vertrauenswürdige Aussagen als denkbar ungeeignet erweist, so daß der Verfasser von der Verwendung der inneren Längenvariation abrät.

Die Totalen Variationskoeffizienten $CT = CB(0) = CV(\infty)$ werden mittels der BRENYschen Tangentenkonstruktion graphisch ermittelt.

Die Beurteilung des Längenvariationsverhaltens eines Garnes ist entweder in Richtung auf das herzustellende Gewebe oder in Richtung auf den zurückliegenden Spinnprozeß möglich. Die Beziehung Garn - Gewebe wird theoretisch behandelt. Danach ist es zweckmäßig, die Ungleichmäßigkeit eines Garnes durch folgende Größen zu charakterisieren:

a) durch den Totalen Variationskoeffizienten zum Zwecke der Beurteilung des kurzwelligen Verhaltens (Schnittigkeiten),

b) durch den Anstieg der CB(L)-Kurve im doppellogarithmischen System zur Beurteilung des mittelwelligen Charakters,

c) durch die Streuung der langen Längen als ein Maß für die Nummernhaltung.

An Hand von vier Spinnprozessen der Baumwoll- und Zellwollspinnerei wird die Brauchbarkeit der äußeren Längenvariationskurve $\text{C}\bar{\text{B}}(\text{L})$ nachgewiesen. Wenn man die Längenvariationskoeffizienten - oder noch besser die K-Werte - über dem Produkt Länge mal Verzug aufträgt, so können die Kurven und somit die Prozesse ohne Rücksicht auf die verwendeten Nummern und Dublagen der einzelnen Spinnstufen direkt miteinander verglichen werden.

Besonders die äußere Längenvariationskurve $\text{C}\bar{\text{B}}(\text{L})$ wird vom Verfasser als ein gutes Kriterium der Garnqualität angesehen und empfohlen, wobei eine mehrfache diskontinuierliche Summations- und Auswertanlage, welche Gegenstand eines weiteren Forschungsberichtes sein wird, eine rationelle und vertrauenswürdige Aufstellung der Kurve gewährleistet.

Professor Dr.-Ing. Walther WEGENER
Institut für Textiltechnik der Rhein.- Westfälischen
Techn. Hochschule Aachen

Literaturverzeichnis

[1] WEGENER, W. u. W. ZAHN — Untersuchungen von gesponnenen Garnen nach verschiedenen Meßmethoden. Forschungsbericht Nr. 339 des Wirtschafts- und Verkehrsministeriums Nordrhein-Westfalen, Westdeutscher Verlag - Köln u. Opladen

[2] TOWNSEND, M.W. — The Assessment of Yarn Quality, J. Text.Inst. $\underline{40}$, P. 566, 1949

[3] TOWNSEND, M.W. u. D.R. COX — The Analysis of Yarn Irregularity. J.Text.Inst. $\underline{42}$, P. 107, 1951

[4] SPENCER-SMITH u. TODD — A Time Series Met with in Textile Research, Supp.J.Roy.Stat.Soc. $\underline{7}$, 131, 1941

[5] OLERUP, H. — Calculation of the Variance-Length Curve for an Ideal Sliver J.Text.Inst. $\underline{43}$, P.290, 1952

[6] BRENY, H. — The Calculation of the Variance-Length Curve from the Length Distribution of Fibres J.Text.Inst. $\underline{44}$, P. 1, 1953

[7] MARTINDALE, J.G. — A New Method of Measuring the Irregularity of Yarns with some Observations on the Origin of Irregularities in Worsted Slivers and Yarns. J. Text.Inst. $\underline{36}$, T. 35, 1945

[8] MEYER, W., — Neue Wege in der Zellwollverarbeitung Textil-Praxis $\underline{8}$, 375, 1953

[9] FOSTER, G.A.R., — The Causes of the Irregularity of Cotton Yarns J.Text.Inst. $\underline{41}$, P. 357, 1950

[10] BALLS, W.L., — Studies of Quality in Cotton. London 1928, Ch. VIII

[11] FOSTER, G.A.R. — The Influence of Periodicities in the Products of Cotton. J. Text.Inst. *36*, T 229, 1945

[12] FOSTER, G.A.R., u. J.G. MARTINDALE — The Form and Length of the Drafting Wave in Cotton Rovings. J.Text.Inst. *37*, T. 1, 1946

[13] CAVANEY, B., u. G.A.R. FOSTER — The Irregularity of Materials Drafted on Cotton Spinning Machinery and its Dependence on Draft, Doubling and Roller Setting. J.Text.Inst. *46*, T 529, 1955

[14] STEIN, H. — Untersuchung der Verzugsvorgänge an den Streckwerken verschiedener Spinnereimaschinen (3. Bericht: Theoretische Betrachtung über den Einfluß schlagender Zylinder und Druckroller, Forschungsbericht Nr. 238 des Wirtschafts- und Verkehrsministeriums Nordrhein-Westfalen, Westdeutscher Verlag Köln/Opladen

[15] FOSTER, G.A.R. u. A. TYSON — The Amplitudes of Periodic Variations caused by excentric Top Drafting Rollers and their Effect on Yarn Strength. J.Text.Inst. *47*, T 385, 1956

[16] WEGENER, W. u. H.E. BRAUNE — Die Flyerregulierung und ihre Auswirkung auf das Vorgespinst. Melliand Textilberichte *36*, 982, 1955

[17] WEGENER, W. u. R. PEUKER — Einfluß der Flyerregulierung auf die Gleichmäßigkeit des Vor- und des Endgespinstes. Melliand Textilberichte *37*, 1133, 1956

[18] HUBERTY, A. — Première étude des paramètres characterisant la regularité des fils, mèches et rubans, lois fondamentales. I.W.T.O. Techn.Comm.Proc. *1*, 55, 1947, Paris

[19] OLERUP, H. — IWS informal meeting on "Yarn and Fabric Irregularity" London 1953

[20] WEGENER, W. u. H. PEUKER — Die CB(L) Längenvariation
Textil-Praxis 12, 980, 1957

[21] WEGENER, W. u. W. ROSEMANN — Die statistische und die geometrisch analytische Definition der Längenvariationskurve
Melliand Textilberichte 38, Dez. 1957

[22] GROSBERG, P. u. R.C. PALMER — On the Determination of the B-L Curve by Cutting and Weighing
J.Text.Inst. 45, T 291, 1954

[23] TOWNSEND, M.W., — Measurement of Yarn Irregularity
J.Text.Inst. 42, P 12, 1951

[24] GROSBERG, P. u. R.C. PALMER — Comparison of the Variance-Length Curves Given by the Zellweger Instrument and by Cutting and Weighing
J.Text.Inst. 45, T 303, 1954

[25] Van ZWET, C.J. — A Method for the Calculation of the CB(L) Curve (Including a note by D.R. Cox)
J.Text.Inst. 46, P 794, 1955

[26] GROSBERG, P. u. R.C. PALMER — The Use of the Zellweger Irregularity Tester in Finding the Variance-Length Curve of Worsted Yarn
J.Text.Inst. 45, T 275, 1954

[27] GRIGNET, J. — Fonctionnement et applications des régularimètres électroniques à variation de capacité
Ann. Scient. Tect. Belges 3, 78, 1956

[28] GRIGNET, J. u. F. MONFORT — Rapp. n° 6 de la réunion de Zurich, Juin 1956, du Comm. Techn. de la F.L.J.

[29] NIENHUIS, W.A., J. STROMPH u. C.J. Van ZWET — On the Zellweger Eveness Tester, the Fielden - Walker Eveness Tester and their Integrators
J.Text.Inst. 47, P 269, 1956

[30] WALKER, P.H.   The Electronic Measurement of Sliver, Roving and Yarn Irregularity with Special Reference to the Use of the Filden Bridge Circuit
J.Text.Inst. 41, P 446, 1950
(Conference Number)

[31] LOCHER, H.   Bericht für das Techn. Komitee der F.L.J.-Barcelona, Mai 1951
außerdem:
Variance-Length-Curves
Zellweger Anleitung Nr. 126 850 u. 126 632 D, Bl. 1 - 23

[32] Text. WORLD   104, 136, 1954

[33] WATERS, W.T.   An Evaluation and Comparison of Eveness Testers
Text.Res. J. 25, 686, 1955

[34] GRIGNET, J.   Evaluation des erreurs dans le calcul de la courbe B(L) par la méthode de l'inert test. Tracé de la courbe B(L) idéale d'un fil de distribution de longueur connue
Ann.Scient.Text.Belges, 1.Mars, 97
1957

[35] MASING, W.   Ein Schnellverfahren zur Gewinnung der Streuungs-Längen (Variance-Length)-Kurve eines Gespinstes mit elektronischen Mitteln
Textil-Praxis 10, 1237, 1955

[36] MASING, W.   Ein elektronisches Gerät zur Schnell-Ermittlung statistischer Kenngrößen.
Mittbl. Math.Statistik 6, 233, 1955

[37] MENDE, H.G.   Ein elektronisches Gerät zur unmittelbaren statistischen Auswertung von Meßwerten. Elektronik, H 2/3, 1957

[38] MASING, W.	Ein Verfahren zur statistischen Auswertung kontinuierlich anfallender Meßwerte Textil-Praxis 10, 357, 1955
[39] WEGENER, W. u. H. PEUKER	Methoden und Geräte zur Ermittlung von Punkten der Längenvariationskurve CB(L) Textil-Praxis 12, Dez. 1957
[40] WEGENER, W. u. H. PEUKER	Die Ermittlung von Punkten der CB(L)-Kurve nach dem diskontinuierlichen Summations- und Auswertverfahren Textil-Praxis 13, 133, 1957
[41] DIN 53 804	Prüfung von Textilien, Auswertung der Meßergebnisse, Febr. 1955
[42] LOHSE, H.	Der "Statifix", ein Hilfsmittel zur Bestimmung statistischer Kennwerte Textil-Praxis 10, 289, 1955
[43] PICARD, H.C.	The Irregularity of Slivers - III, J. Text.Inst. 44, T 307, 1953
[44] WEGENER, W. u. W. ROSEMANN	Das Verhalten der Längenvariationskurve für kleinere Integrationslängen Melliand Textilberichte 37, 1958
[45] WEGENER, W. u. H. PEUKER	Prüfanlage zur schnellen und sicheren Untersuchung der Längenvariation von Garnen, Lunten und Faserbändern I, II Archiv f. Techn. Messen V 8261 - 11, 1957; V 8261 - 12, 1958
[46] VOGT, H.J., u. E. ZIMMER	Automatische Klassifikation und Speicherung von Meßergebnissen Elektronik 6, Juli 1957
[47] WEGENER, W. und H. PEUKER	Beziehung zwischen dem Warenbild, der CB(L)- und der CB(F)-Charakteristik Textil-Praxis 13, 261, 1958
[48] WEGENER, W. u. E.G. HOTH	Die CB(F)-Flächenvariation Textil-Praxis 13, 1958

FORSCHUNGSBERICHTE
DES WIRTSCHAFTS- UND VERKEHRSMINISTERIUMS
NORDRHEIN-WESTFALEN

Herausgegeben von Staatssekretär Prof. Dr. h. c. Dr. E. h. Leo Brandt

TEXTILTECHNIK · FASERFORSCHUNG · WÄSCHEREIFORSCHUNG

HEFT 3
Techn.-Wissenschaftl. Büro für die Bastfaserindustrie, Bielefeld
Untersuchungsarbeiten zur Verbesserung des Leinenwebstuhls
1952, 44 Seiten, 7 Abb., 3 Tabellen, DM 12,50

HEFT 9
Techn.-Wissenschaftl. Büro für die Bastfaserindustrie, Bielefeld
Untersuchungen über die zweckmäßige Wicklungsart von Leinengarnkreuzspulen unter Berücksichtigung der Anwendung hoher Geschwindigkeiten des Garnes
Vorversuche für Zetteln und Schären von Leinengarnen auf Hochleistungsmaschinen
1952, 48 Seiten, 7 Abb., 7 Tabellen, DM 9,25

HEFT 13
Techn.-Wissenschaftl. Büro für die Bastfaserindustrie, Bielefeld
Das Naßspinnen von Bastfasergarnen mit chemischen Zusätzen zum Spinnbad
1953, 52 Seiten, 4 Abb., 19 Tabellen, DM 10,—

HEFT 15
Wäschereiforschung Krefeld
Trocknen von Wäschestoffen. I. Lufttrocknung: Untersuchungen an Tumblern
1953, 40 Seiten, 14 Abb., 2 Tabellen, DM 9,—

HEFT 17
Ingenieurbüro Herbert Stein, M.-Gladbach
Untersuchung der Verzugsvorgänge in den Streckwerken verschiedener Spinnereimaschinen. 1. Bericht: Vergleichende Prüfung mit verschiedenen Dickenmeßgeräten
1952, 36 Seiten, 15 Abb., DM 8,—

HEFT 18
Wäschereiforschung Krefeld
Grundlagen zur Erfassung der chemischen Schädigung beim Waschen
1953, 68 Seiten, 15 Abb., 15 Tabellen, DM 12,75

HEFT 19
Techn.-Wissenschaftl. Büro für die Bastfaserindustrie, Bielefeld
Die Auswirkung des Schlichtens von Leinengarnketten auf den Verarbeitungswirkungsgrad sowie die Festigkeit und Dehnungsverhältnisse der Garne und Gewebe
1953, 48 Seiten, 1 Abb., 9 Tabellen, DM 9,—

HEFT 20
Techn.-Wissenschaftl. Büro für die Bastfaserindustrie, Bielefeld
Trocknung von Leinengarnen I
Vorgang und Einwirkung auf die Garnqualität
1953, 62 Seiten, 18 Abb., 5 Tabellen, DM 12,—

HEFT 21
Techn.-Wissenschaftl. Büro für die Bastfaserindustrie, Bielefeld
Trocknung von Leinengarnen II
Spulenanordnung und Luftführung beim Trocknen von Kreuzspulen
1953, 66 Seiten, 22 Abb., 9 Tabellen, DM 13,—

HEFT 22
Techn.-Wissenschaftl. Büro für die Bastfaserindustrie, Bielefeld
Die Reparaturanfälligkeit von Webstühlen
1953, 28 Seiten, 7 Abb., 5 Tabellen, DM 5,80

HEFT 26
Techn.-Wissenschaftl. Büro für die Bastfaserindustrie, Bielefeld
Vergleichende Untersuchungen zweier neuzeitlicher Ungleichmäßigkeitsprüfer für Bänder und Garne hinsichtlich ihrer Eignung für die Bastfaserspinnerei
1953, 64 Seiten, 30 Abb., DM 12,50

HEFT 29
Techn.-Wissenschaftl. Büro für die Bastfaserindustrie, Bielefeld
Die Ausnützung der Leinengarne in Geweben
1953, 100 Seiten, 14 Abb., 10 Tabellen, DM 17,80

HEFT 32
Techn.-Wissenschaftl. Büro für die Bastfaserindustrie, Bielefeld
Der Einfluß der Natriumchloridbleiche auf Qualität und Verwebbarkeit von Leinengarnen und die Eigenschaften der Leinengewebe unter besonderer Berücksichtigung des Einsatzes von Schützen- und Spulenwechselautomaten in der Leinenweberei
1953, 64 Seiten, 2 Abb., 12 Tabellen, DM 11,50

HEFT 34
Textilforschungsanstalt Krefeld
Quellungs- und Entquellungsvorgänge bei Faserstoffen
1953, 52 Seiten, 13 Abb., 13 Tabellen, DM 9,80

HEFT 35
Prof. Dr. W. Kast, Krefeld
Feinstrukturuntersuchungen an künstlichen Zellulosefasern verschiedener Herstellungsverfahren. Teil I: Der Orientierungszustand
1953, 74 Seiten, 30 Abb., 7 Tabellen, DM 13,80

HEFT 41
Techn.-Wissenschaftl. Büro für die Bastfaserindustrie, Bielefeld
Untersuchungsarbeiten zur Verbesserung des Leinenwebstuhles II
1953, 40 Seiten, 4 Abb., 5 Tabellen, DM 7,80

HEFT 63
Textilforschungsanstalt Krefeld
Neue Methoden zur Untersuchung der Wirkungsweise von Textilhilfsmitteln
Untersuchungen über Schlichtungs- und Entschlichtungsvorgänge
1954, 34 Seiten, 1 Abb., 5 Tabellen, DM 6,80

HEFT 64
Textilforschungsanstalt Krefeld
Die Kettenlängenverteilung von hochpolymeren Faserstoffen
Über die fraktionierte Fällung von Polyamiden
1954, 44 Seiten, 13 Abb., DM 8,60

HEFT 69
Wäschereiforschung Krefeld
Bestimmung des Faserabbaues bei Leinen unter besonderer Berücksichtigung der Leinengarnbleiche
1954, 48 Seiten, 15 Abb., 3 Tabellen, DM 9,60

HEFT 70
Wäschereiforschung Krefeld
Trocknen von Wäschestoffen. II. Kontakttrocknung: Untersuchungen über den Trockenvorgang und die Wäschebeanspruchung bei der Kontakttrocknung
1954, 42 Seiten, 18 Abb., 3 Tabellen, DM 10,—

HEFT 79
Techn.-Wissenschaftl. Büro für die Bastfaserindustrie, Bielefeld
Trocknung von Leinengarnen III
Spinnspulen- und Spinnkopstrocknung
Vorgang und Einwirkung auf die Garnqualität
1954, 74 Seiten, 18 Abb., 10 Tabellen, DM 14,—

HEFT 80
Techn.-Wissenschaftl. Büro für die Bastfaserindustrie, Bielefeld
Die Verarbeitung von Leinengarn auf Webstühlen mit und ohne Oberbau
1954, 30 Seiten, 2 Abb., 2 Tabellen, DM 6,—

HEFT 85
Textilforschungsanstalt Krefeld
Physikalische Untersuchungen an Fasern, Fäden, Garnen und Geweben:
Untersuchungen am Knickscheuergerät nach Weltzien
1954, 40 Seiten, 11 Abb., 8 Tabellen, DM 10,—

HEFT 92
Techn.-Wissenschaftl. Büro für die Bastfaserindustrie, Bielefeld und Institut für textile Meßtechnik, M.-Gladbach
Messungen von Vorgängen am Webstuhl
1954, 76 Seiten, 45 Abb., DM 15,50

HEFT 93
Prof. Dr. W. Kast, Krefeld
Spinnversuche zur Strukturerfassung künstlicher Zellulosefasern
1954, 82 Seiten, 39 Abb., 6 Tabellen, DM 16,—

HEFT 97
Ing. H. Stein, M.-Gladbach
Untersuchung der Verzugsvorgänge an den Streckwerken verschiedener Spinnereimaschinen
2. Bericht: Ermittlung der Haft-Gleiteigenschaften von Faserbändern und Vorgarnen
1955, 98 Seiten, 54 Abb., DM 21,—

HEFT 119
Dr.-Ing. O. Viertel, Krefeld
Wäscherei- und energietechnische Untersuchung einer Gemeinschafts-Waschanlage
1955, 50 Seiten, 18 Abb., DM 10,20

HEFT 159
Dr.-Ing. O. Viertel und O. Oldenroth, Krefeld
Das Bleichen von Weißwäsche mit Wasserstoffsuperoxyd bzw. Natriumhypochlorit beim maschinellen Waschen
1955, 54 Seiten, 23 Abb., 2 Tabellen, DM 11,45

HEFT 161
Prof. Dr. W. Weltzien und Dr. G. Hauschild, Krefeld
Über Silikone und ihre Anwendung in der Textilveredlung
1955, 162 Seiten, 22 Abb., 10 Tabellen, DM 27,—

HEFT 163
Dipl.-Ing. W. Rohs und Text.-Ing. H. Griese, Bielefeld
Untersuchungsarbeiten zur Verbesserung des Leinenwebstuhls III
1955, 80 Seiten, 15 Abb., 18 Tabellen, DM 15,80

HEFT 171
Wäschereiforschung Krefeld
Untersuchung der Wäscheentwässerung mit Hilfe von Zentrifugen und Pressen
1955, 42 Seiten, 16 Abb., 4 Tabellen, DM 9,70

HEFT 172
Dipl.-Ing. W. Rohs, Dr.-Ing. G. Satlow und Text.-Ing. G. Heller, Bielefeld
Trocknung von Hanfgarnen. Kreuzspultrocknung
1955, 60 Seiten, 7 Abb., 4 Tabellen, DM 10,30

HEFT 173
Prof. Dr. R. Hosemann und Dipl.-Phys. G. Schoknecht, Berlin, vorgelegt von Prof. Dr. W. Kast, Krefeld
Lichtoptische Herstellung und Diskussion der Faltungsquadrate parakristalliner Gitter
1956, 108 Seiten, 63 Abb., 6 Tabellen, DM 24,70

HEFT 185
Dipl.-Ing. W. Rohs und Text.-Ing. G. Heller, Bielefeld
Studien an einem neuzeitlichen Kreuzspultrockner für Bastfasergarne mit Wiederbefeuchtungszone
1955, 52 Seiten, 9 Abb., 3 Tabellen, DM 10,70

HEFT 186
Dr. E. Wedekind, Krefeld
Untersuchungen zur Arbeitsbestgestaltung bei der Fertigstellung von Oberhemden in gewerblichen Wäschereien
1955, 124 Seiten, 28 Abb., 6 Tabellen, 2 Falttafeln, DM 12,—

HEFT 196
Dipl.-Ing. W. Rohs und Text.-Ing. H. Griese, Bielefeld
Auswirkungen von Garnfehlern bei der Verarbeitung von Leinengarnen
1955, 24 Seiten, 3 Abb., 6 Tabellen, DM 7,80

HEFT 197
Dr. E. Wedekind, Krefeld
Untersuchungen zur Bestimmung der optimalen Arbeitsplatzgröße bei Mehrstuhlarbeit in der Weberei
1955, 92 Seiten, 34 Abb., DM 18,50

HEFT 199
Textilforschungsanstalt Krefeld
Die Messung von Gewebetemperaturen mittels Temperaturstrahlung
1955, 50 Seiten, 12 Abb., DM 10,90

HEFT 226
Technisch-wissenschaftliches Büro für die Bastfaserindustrie, Bielefeld
Untersuchungen zur Verbesserung des Leinenwebstuhles IV
Die Wirkung verschiedener Kettbaumbremsen auf die Verwebung von Leinengarnen
1956, 64 Seiten, 9 Abb., 4 Tabellen, DM 13,50

HEFT 236
Dr.-Ing. O. Viertel und S. Lucas, Krefeld
Ergebnisse einer Hausfrauenbefragung über Wascheinrichtungen und Waschmethoden in städtischen Haushaltungen
1956, 34 Seiten, 4 Abb., DM 7,60

HEFT 238
Institut für textile Meßtechnik e. V., M.-Gladbach
Untersuchungen der Verzugsvorgänge an den Streckwerken verschiedener Spinnereimaschinen. 3. Bericht: Theoretische Betrachtungen über den Einfluß schlagender Zylinder und Druckrollen
1956, 66 Seiten, 21 Abb., DM 14,10

HEFT 260
Prof. Dr. W. Kast, Freiburg (Br.), Prof. Dr. A. H. Stuart und Dipl.-Phys. H. G. Fendler, Hannover
Lichtzerstreuungsmessungen an Lösungen hochpolymerer Stoffe
1956, 70 Seiten, 25 Abb., 5 Tabellen, DM 15,60

HEFT 261
Prof. Dr. W. Kast, Freiburg (Br.)
Feinstruktur-Untersuchungen an künstlichen Zellulosefasern verschiedener Herstellungsverfahren.
Teil II: Der Kristallisationszustand
1956, 80 Seiten, 27 Abb., 11 Tabellen, DM 17,20

HEFT 273
Fa. K. H. W. Tacke G.m.b.H., Wuppertal-Barmen
Erfahrungen beim Verspinnen von Perlonfasern und bei der Herstellung von Trikotagen aus gesponnenem Perlon
1956, 36 Seiten, DM 7,90

HEFT 292
Dipl.-Ing. W. Rohs und Text.-Ing. H. Griese, Bielefeld
Webversuche an Leinenwebstühlen mit verbesserter Schaftbewegung
1956, 34 Seiten, 3 Abb., 2 Tabellen, DM 7,60

HEFT 301
Prof. Dr. W. Weltzien, Dr. G. Cossmann und P. Diehl, Krefeld
Über die fraktionierte Fällung von Polyamiden (II)
1956, 54 Seiten, 1 Abb., 16 Tabellen, DM 11,30

HEFT 302
Prof. Dr.-Ing. W. Wegener und Dipl.-Ing. W. Zahn, Aachen
Untersuchungen von gesponnenen Garnen auf ihre Gleichmäßigkeit nach verschiedenen Meßmethoden
1957, 58 Seiten, 34 Abb., DM 15,20

HEFT 307
Privat-Doz. Dr. J. Juilfs, Krefeld
Vergleichende Untersuchungen zur elastischen und bleibenden Dehnung von Fasern
1956, 36 Seiten, 11 Abb., DM 8,30

HEFT 308
Privat.-Doz. Dr. J. Juilfs, Krefeld
Zur Messung der Fadenglätte
1956, 22 Seiten, 10 Abb., 2 Tabellen, DM 8,—

HEFT 338
Prof. Dr.-Ing. W. Wegener Aachen, und Dipl.-Ing. J. Schneider, M.-Gladbach
Die Bedeutung der Knotenart für die Herabminderung der Fadenbrüche
1957, 40 Seiten, 6 Abb., 17 Tabellen, DM 9,80

HEFT 339
Prof. Dr.-Ing. W. Wegener und Dipl.-Ing. W. Zahn, Aachen
Vergleich des normalen mit verschiedenen abgekürzten Baumwollspinnverfahren in bezug auf Gleichmäßigkeit und Sortierungsstreuung der Garne
1956, 56 Seiten, 17 Abb., 17 Tabellen, DM 12,70

HEFT 340
Dipl.-Ing. W. Rohs und Dipl.-Ing. R. Otto, Bielefeld
Das Naßspinnen von Bastfasergarnen mit Spinnbadzusätzen unter Ausnutzung einer zentralen Spinnwasserversorgungsanlage
1956, 56 Seiten, 2 Abb., 6 Tabellen, DM 11,60

HEFT 358
Prof. Dr. rer. nat. W. Weltzien, Dipl.-Chem. P. Ringel und Text.-Ing. H. Kirchhoff, Krefeld
Die Waschechtheit von Färbungen. Vergleichende Untersuchungen auf dem Gebiete der Echtheitsprüfung
1958, 26 Seiten, 12 Farbtafeln, DM 58,—

HEFT 378
Oberingenieur H. Stein, M.-Gladbach
Beobachtung und maßtechnische Erfassung der Vorgänge im Spinn- und Aufwindefeld von Ringspinn- und Ringzwirnmaschinen
1957, 104 Seiten, 88 Abb., 3 Tabellen, DM 26,90

HEFT 379
Institut für textile Meßtechnik, M.-Gladbach
Schußfadenspannung beim Weben
1957, 76 Seiten, 17 Abb., 47 Diagramme, 3 Tabellen, DM 18,60

HEFT 381
Priv.-Doz. Dr. habil. J. Juilfs, Krefeld
Zur Dichtebestimmung von Fasern. Methoden und Beispiele der praktischen Anwendung
1957, 76 Seiten, 34 Abb., 18 Tabellen, DM 17,—

HEFT 393
Dr.-Ing. O. Viertel und S. Brückner-Lucas, Krefeld
Arbeitszeitstudien an Haushaltwaschmaschinen
1957, 74 Seiten, 8 Abb., 13 Tabellen, DM 17,30

HEFT 397
Dipl.-Ing. W. Rohs und Dipl.-Ing. R. Otto, Bielefeld
Ungleichmäßigkeiten in Bändern von Bastfaserkarden, ihre Ursachen und Auswirkungen
1957, 60 Seiten, 18 Abb., 42 Diagramme, DM 14,80

HEFT 433
Dr.-Ing. G. Satlow, Aachen
Über einige physikalische und chemische Eigenschaften der Wolle von der gewaschenen Wolle bis zum Kammzug
1957, 72 Seiten, 15 Abb., 19 Tabellen, DM 15,25

HEFT 434
Dipl.-Ing. W. Rohs und Dr. I. Geurten, Bielefeld
Schlichten für Baumwollgarne
1957, 96 Seiten, 3 Abb., zahlreiche Tabellen, DM 23,70

HEFT 435
Dipl.-Ing. W. Rohs und Dipl.-Ing. L. Steinmetz, Bielefeld
Die Masseungleichmäßigkeit von Flachstreckenbändern in Abhängigkeit von Verzug und Dopplung
1957, 42 Seiten, 4 Abb., 2 Tabellen, DM 9,90

HEFT 436
Priv.-Doz. Dr. habil. J. Juilfs, Krefeld
Zur Bestimmung der Reißlast (Zugfestigkeit) von Fasern, Fäden und Garnen
in Vorbereitung

HEFT 442
Dipl.-Ing. W. Rohs, Text.-Ing. H. Griese und Text.-Ing. W. Lauer, Bielefeld
Die Auswirkungen der Trocknungsart naßgesponnener Leinengarne auf deren Verarbeitungswirkungsgrad sowie auf die Festigkeits- und Dehnungseigenschaften der Garne und Gewebe
1957, 28 Seiten, 2 Abb., 3 Tabellen, DM 6,50

HEFT 452
Prof. Dr. rer. nat. W. Weltzien und Dr. phil. K. Windeck, Krefeld
Veränderungen an Fasern bei der Bleiche mit Natriumchlorid und über einige Vergilbungserscheinungen
1957, 64 Seiten, 3 Abb., 13 Tabellen, DM 14,85

HEFT 479
Prof. Dr.-Ing. W. Wegener, Aachen und Dipl.-Ing. H. Fourné, Bochum
Ursachen des Überschreitens der Toleranzgrenze nach oben oder unten (Meter pro Gramm) an der Strecke
1958, 60 Seiten, 17 Abb., 3 Tabellen, DM 14,60

HEFT 494
Dipl.-Ing. W. Rohs und Text.-Ing. H. Griese, Bielefeld
Entwicklung und Erprobung eines verbesserten elektrischen Kettfadenwächtergeschirrs für die Leinen- und Halbleinenweberei
1957, 56 Seiten, 9 Abb., 11 Tabellen, DM 13,—

HEFT 496
Dipl.-Chem. P. Vogel, Krefeld
Färberische Eigenschaften von zur Herstellung von Verdickungen in der Stoffdruckerei bestimmten Stoffen
1957, 38 Seiten, 3 Abb., 3 Tabellen, DM 9,30

HEFT 498
Prof. Dr.-Ing. H. Zahn und Dr. rer. nat. W. Gerstner, Aachen
Herstellung säurefester technischer Gewebe
1957, 40 Seiten, 8 Tabellen, DM 9,65

HEFT 499
Priv.-Doz. Dr. J. Juilfs, Krefeld
Die Bestimmung des Wasserrückhaltevermögens (bzw. des Quellwertes) von Fasern
1958, 42 Seiten, 8 Abb., 8 Tabellen, DM 10,35

HEFT 500
Priv.-Doz. Dr. habil. J. Juilfs, Krefeld
Vergleichende Untersuchungen am Schopper-Scheuerprüfgerät
1958, 60 Seiten, 34 Abb., verschied. Tabellen, DM 18,10

HEFT 501
Dipl.-Ing. W. Rohs und Dr. I. Geurten, Bielefeld
Untersuchungen in der Leinengarnbleiche
1958, 50 Seiten, 5 Abb., 5 Tabellen, DM 11,50

HEFT 587
Dipl.-Ing. H. Schmidt, Krefeld
Auswirkung der Strömungsverhältnisse in Trommelwaschmaschinen unter besonderer Berücksichtigung des Durchlaufspülens
1958, 20 Seiten, 8 Abb., DM 8,45

HEFT 607
Dr. H. Schlachter, Münster
Die Wettbewerbslage der westdeutschen Juteindustrie
1958, 137 Seiten, 35 Tab., DM 32,—

HEFT 609
Dipl.-Ing. W. Rohs und Dipl.-Ing. L. Steinmetz, Technisch-Wissenschaftliches Büro für die Bastfaserindustrie, Bielefeld
Verteilung der Bastfasern im Verzugsfeld einer Nadelstabstrecke
1958, 42 Seiten, 10 Abb., 2 Tabellen, DM 13,45

HEFT 614
Prof. Dr. W. Weltzien, Priv.-Dozent Dr. rer. nat. habil. J. Juilfs und Dr. rer. nat. W. Bubser, Krefeld
Die Textilforschungsanstalt Krefeld 1920—1958
Ein Bericht zur Einweihung ihres Neubaus Frankenring 2
1958, 78 Seiten, 11 Abb., 5 Baupläne, DM 23,80

HEFT 621
Techn.-Wissensch. Büro für die Bastfaserindustrie, Bielefeld
Untersuchungen zur Verbesserung des Leinenwebstuhles V
in Vorbereitung

HEFT 631
Dr. E. Wedekind, Krefeld
Der Einfluß der Automatisierung auf die Struktur der Maschinen und Arbeiterzeiten am mehrstelligen Arbeitsplatz in der Textilindustrie
1958, 86 Seiten, 34 Abb., DM 21,10

HEFT 632
Prof. Dr.-Ing. W. Wegener, Aachen
Aufstellung und Vergleich von Variance-within- und Variance-between-Kurven von Garnen, die nach verschiedenen Spinnverfahren hergestellt werden

HEFT 633
Prof. Dr.-Ing. W. Wegener und Dipl.-Ing. E. Haase-Deyerling, Aachen
Entwicklung und Bau eines vollautomatischen Faserlängenprüfgerätes (Stapelprüfgerät) auf kapazitiver Grundlage, Erprobungen dieses Gerätes und Vergleich mit den bislang üblichen Verfahren auf manueller Basis

HEFT 654
Obering. H. Stein und Text.-Ing. H. v. d. Weyden
Institut für Textile Meßtechnik, M.-Gladbach
Dipl.-Ing. Waldemar Rohs und Text.-Ing. H. Griese
Techn.-Wissenschaftl. Büro für die Bastfaserindustrie Bielefeld
Untersuchungen an Spulvorrichtungen in der Leinen- und Halbleinenweberei
1958, 98 Seiten, 29 Abb., DM 23,80

HEFT 674
Dipl.-Ing. W. Rohs, Bielefeld
Die Ausnutzung der Garnfestigkeit in Halbleinengeweben
1958, 60 Seiten, 6 Abb., DM 14,30

Wir liefern Ihnen gern auf Anfrage die Verzeichnisse anderer Sachgebiete.

In case Publisher is established outside the EU,
the EU authorized representative is:
**Springer Nature Customer Service Center GmbH
Europaplatz 3, 69115 Heidelberg, Germany**

MIX
Papier aus verantwortungsvollen Quellen
Paper from responsible sources
FSC® C105338

If you have any concerns about our products,
you can contact us on
ProductSafety@springernature.com

In case Publisher is established outside the EU,
the EU authorized representative is:
**Springer Nature Customer Service Center GmbH
Europaplatz 3, 69115 Heidelberg, Germany**

Printed by Libri Plureos GmbH
in Hamburg, Germany